科技部科技基础性工作专项

西南地形急变带地质灾害数据库与信息系统

XINAN DIXING JIBIANDAI DIZHI ZAIHAI SHUJUKU YU XINXI XITONG

陈 源 余必胜 编著

图书在版编目(CIP)数据

西南地形急变带地质灾害数据库与信息系统/陈源，余必胜编著．—武汉：中国地质大学出版社，2018.12

ISBN 978-7-5625-4451-7

Ⅰ.①西…
Ⅱ.①陈… ②余…
Ⅲ.①地质灾害-数据库系统-研究-西南地区
Ⅳ.①P694

中国版本图书馆 CIP 数据核字(2018)第 276066 号

西南地形急变带地质灾害数据库与信息系统 陈 源 余必胜 **编著**

责任编辑：王 敏 选题策划：张 华 责任校对：徐蕾蕾

出版发行：中国地质大学出版社(武汉市洪山区鲁磨路 388 号) 邮政编码：430074
电 话：(027)67883511 传 真：67883580 E-mail：cbb@cug.edu.cn
经 销：全国新华书店 http://cugp.cug.edu.cn

开本：787 毫米×1 092 毫米 1/16 字数：224 千字 印张：8.75
版次：2018 年 12 月第 1 版 印次：2018 年 12 月第 1 次印刷
印刷：武汉市籍缘印刷厂 印数：1—500 册

ISBN 978-7-5625-4451-7 定价：36.00 元

前 言

西南地形急变带位于青藏高原东部边缘与四川盆地结合部位，是我国乃至全球山脉中地形梯度最大的区带之一，为我国地势第一阶梯向第二阶梯过渡的区域，是经过强烈地壳运动迄今仍然强烈活动的新构造带和地震活动带，地质环境条件复杂。2008 年 5 月 12 日发生的四川汶川 *M*s8.0 级特大地震就位于该带，举世瞩目，灾难深重，诱发了大量的次生地质灾害，点多面广、危害巨大。科学技术部于 2011 年启动了科技基础性工作专项项目“西南地形急变带地质灾害综合调查与风险制图”(编号 2011FY110100)，组织国内地质调查、地质科研和高等院校等相关单位的技术力量，重点围绕西南地形急变带地质灾害相关的重大科学问题和关键技术，开展地质灾害现场调查、成灾背景分析、易发性分区及信息系统建设等研究工作，为西南地形急变带减灾防灾、保障人民生命财产安全、灾后重建及减灾防灾规划、生态环境恢复建设、重大工程建设和运营、山区区域经济发展等提供基础性地质灾害资料和技术支撑。

本书是在科技部科技基础性专项研究的基础上编撰而成，课题“西南地形急变带地质灾害数据库与信息系统”(编号 2011FY110100－4)隶属于科技基础性工作专项项目“西南地形急变带地质灾害综合调查与风险制图”，课题承担单位为中国地质大学(武汉)。课题任务是开发一套西南地形急变带地质灾害数据库和信息系统。主要工作包括 3 个方面：①设计并建立地质灾害数据库；②建立地质灾害数据管理系统；③建立基于 Web 的西南地形急变带地质灾害数据发布与共享系统。

历经 5 年的研究工作，课题组完成了西南地区 74 个县 17 838 个地质灾害点的数据整合和归类，构建了包容性强的表结构，将 72 个库 288 个表中的数据整合到 1 个库 4 个表中，数据库中有斜坡 2934 个、崩塌 3504 个、滑坡 8766 个、泥石流 2634 个、图片 23 044 张。为实现数据共享，提供西南地形急变带地质灾害综合调查信息服务，为项目运行提供数据计算功能、信息服务支撑、数据管理环境，课题组完成了基于互联网的地质灾害数据发布与共享系统。

本书主要介绍如何将地质灾害调查数据整理入库，如何开发与部署基于互联网的地质灾害数据信息系统，并着重讨论了如何利用地质灾害数据中的地理信息和谷歌地图开发可视化查询系统。本书可作为地质灾害调查数据整理入库和信息发布的开发指南，其中谷歌地图 API 的应用开发具有典型性，可作为同类建设参考。

笔 者

2018 年 5 月 5 日

目　录

§1 概 述

1.1 研究背景

我国是地质灾害多发国家，近几年来每年约发生地质灾害1万次，造成数百人死亡，导致直接经济损失几十亿元。西南地形急变带位于青藏高原东部边缘与四川盆地结合部位，涉及四川省、云南省、陕西省和甘肃省共70余县(市)，总面积约20×10^4 km²，是我国乃至全球山脉中地形梯度最大的区带之一，地形北高南低，西高东低，山高坡陡，地势狭窄，地质环境条件复杂恶劣，生态环境相当脆弱，地质灾害十分发育。2008年5月12日发生的四川汶川*M*s8.0级特大地震就位于该带，举世瞩目，灾难深重，诱发了大量的次生地质灾害，点多面广、危害巨大。因此，开展西南地形急变带地质灾害综合调查与风险制图，获取西南这一地形急变带第一手系统的地质环境和地质灾害资料及相关基础成果，为保障人民生命财产安全、减灾防灾及规划、灾后重建、生态环境恢复建设、重大工程建设和运营、山区区域经济快速和可持续发展提供强有力的技术支撑，且对于提升减灾防灾整体水平，促进提高我国地质灾害与减灾防灾基础理论和技术水平，具有深远的科学和现实意义。

1.2 课题来源

科学技术部于2011年启动了科技基础性工作专项项目“西南地形急变带地质灾害综合调查与风险制图”(编号2011FY110100)，组织国内地质调查、地质科研和高等院校等相关单位的技术力量，重点围绕西南地形急变带地质灾害相关的重大科学问题和关键技术，开展地质灾害现场调查、成灾背景分析、易发性分区及信息系统建设等研究工作，为西南地形急变带减灾防灾、保障人民生命财产安全、灾后重建及减灾防灾规划、生态环境恢复建设、重大工程建设和运营、山区区域经济发展等提供基础性地质灾害资料和技术支撑。

1.2.1 科技基础性工作专项

根据《科技部关于印发国家科技基础性工作专项“十二五”专项规划的通知》，科技基础性工作一般指围绕国民经济社会发展和科学研究的需求而开展的获取自然本底情况与基础科学数据、系统编研或共享科技资料和科学数据、采集保存自然科技资源、制定科学标准规范、研制标准物质等科学活动的统称。

科技基础性工作是基础研究的重要组成部分，具有基础性、长期性和公益性等特点。科技基础性工作的主要任务重点在科学考察与调查、科技资料整编和科学典籍志书图集的编研、标准物质与科学规范研制，以及其他对经济社会发展及科技进步具有重要支撑作用的基础性工作等方面加强部署。

1.2.2 项目及课题基本信息

2011年5月科学技术部以科技基础性工作专项项目下达任务，项目名称为西南地形急变带地质灾害综合调查与风险制图，项目编号为2011FY110100，该项目由中国地质调查局成都地质调查中心（成都地质矿产研究所）牵头，中国地质科学院地质力学研究所、成都理工大学、中国地质大学（武汉）参加。项目起止时间为2011年6月至2016年5月。

项目下设5个课题，本书研究内容属于项目第四课题，课题名称为“西南地形急变带地质灾害数据库与信息系统”，课题编号为2011FY110100-4，课题承担单位为中国地质大学（武汉）。

1.2.3 研究目标和主要研究内容

该课题主要研究目标是基于GIS平台，采用Oracle数据库，开发一套西南地形急变带地质灾害数据库和信息系统。主要研究内容包括设计并建立地质灾害数据库，数据入库、整合、管理与加工，建立基于Web的数据查询浏览系统。系统功能上，包括数据管理和数据信息共享两个部分。工作任务包括系统建设的方案和相关技术要求的建立，以及数据库建设和信息系统建设。为更好地实现数据共享，研究工作还包括按科技部技术要求完成科技基础性工作数据汇交。

1.3 研究现状分析

1.3.1 地质灾害调查

地质灾害调查是采用遥感和地面调查等手段来获取地质灾害相关信息的方法。地质灾害主要是指崩塌（含危岩体）、滑坡、泥石流、地面塌陷和地裂缝等。我国地质环境条件特殊，山区分布多，崩塌、滑坡、泥石流、地裂缝、地面沉降、地面塌陷、水土流失、土地沙漠化、地震、火山等各种地质灾害时有发生。地质灾害调查主要是将地质灾害体的发育过程及其稳定性认识置于首要地位。调查过程中应尽量收集该区域内水文、气象、地层及岩性资料，并利用简单、易携带的工具和仪器进行大致测量，以此确定地质体的特征、稳定状态和发展趋势，为划分地质灾害分区、论证地质灾害发生的危险性提供依据。地质灾害调查成果可为地质灾害的预防预测、救灾减灾、防范次生地质灾害、开展灾后重建等工作提供科学依据，对减少灾害伤亡和经济损失发挥重要而积极的作用。

随着信息技术的发展，地质灾害调查信息化手段不断丰富，调查资料和数据的信息化程度也越来越高，数据库的建设成为地质灾害调查的重要工作。依据国务院《地质灾害防治条例》和自然资源部《全国地质灾害防治规划》，各级财政投入经费在全国地质灾害高易发区开展地质灾害详细调查工作。根据相关技术要求和管理办法，数据库建设工作贯穿调查工作的各个阶段。数据库建设工作实际是依托已有的“地质灾害详细调查数据库”平台，将各类调查成果加载的过程。入库数据包括图形数据、调查数据、影像数据及成果报告等，最终合并形成县(市)各类调查点的数据库、影像库，文件形式为微软 Access 生成的 mdb。

地质灾害调查数据库是分析研究调查成果的基础数据源。地质灾害评估分析与预测预警、地质灾害信息发布等都要依托调查数据库。地质灾害数据库中包括的空间数据，是地理信息系统(GIS)方法应用的必要条件。利用现代有效的先进技术，构建区域的、信息一体化管理的、可视化查询的地质灾害数据信息共享系统，将新型互联网技术、互联网地图服务、网络数据服务应用于地质灾害信息系统，是地质灾害调查工作信息技术应用的必然发展方向。

1.3.2 网络地图服务的发展

近几年来，地理信息系统作为获取、存储、分析和管理地理空间数据的重要工具和技术，得到了非常迅速的发展，技术应用模式也不断推陈出新。典型应用就是以 Google Map 为代表的网络地图服务。网络地图服务(Web Map Service，WMS)，由开放地理信息联盟(Open GeoSpatial Consortium，OGC)指定，采用 HTTP 协议，通过指定的参数返回相应的地图图片。根据 2010 年 5 月国家测绘局发布的《互联网地图服务专业标准》，互联网地图指登载在互联网上或者通过互联网发送的基于服务器地理信息数据库形成的具有实时生成、交互控制、数据搜索、属性标注等特性的电子地图。互联网地图服务的专业范围划分为地图搜索、位置服务，地理信息标注服务，地图下载、复制服务和地图发送、引用服务 4 项。

网络地图服务现已广泛应用于日常生活中，如交通、旅游、娱乐、环保、商业、测绘等。人们使用这些服务进行定位，查询最短路线。由于网络地图服务的相关技术和应用还在不断地快速发展中，可以预见网络地图服务将在国计民生的各个环节发挥越来越重要的作用。关于地图服务的来源，过去几年国内先后出现了诸多的地图服务提供商，主要有微软地图、搜狗地图、Mapbar、Mapabc、51ditu、百度地图、高德地图、腾讯地图、谷歌地图。随着 Google 开放其地图的 API，越来越多的服务商开放其 API，使得信息技术应用开发者对地图服务的二次开发变得越来越便捷。如何利用网络地图服务获取到地理信息，以简单、广泛、快速的传播途径和方式为各行各业服务，成为迫切需要解决的问题。越来越多的企事业单位希望在决策支持、MIS、OA、资源管理、营销网络、智能交通、电子商务、客户服务、物流配送等系统中得到地图服务的支持，并将这些应用扩展到 Web 平台上。

一直以来，地质调查工作都离不开地图这项辅助工具。从纸质地图到电子地图，地质调查工作也在不断更新技术手段以适应时代变化。本课题作为提供信息服务的共享数据平台，采用合适的网络地图服务引擎是非常重要的技术选择。将基于空间位置的地图服务引入到地质灾害调查信息服务系统中，扩充原有的信息服务手段，给具有大量数据的信息服务系统提供可视化图形界面和地理位置导航服务，是进行网络地图服务二次开发，将网络地图服务引入到地质调查工作的关键。

1.3.3 科学数据共享与地学数据

科学数据不仅是科技创新、经济发展和国家安全的重要战略资源，也是政府部门制定政策、进行科学决策的重要依据。科学数据共享工程是国家科技创新体系建设的重要内容，也是我国科技发展基础条件大平台的重要组成部分。我国科学数据共享工程经过多年运行，已取得明显进步，积累了一些重点领域的科学数据，为进一步建设各个专业领域的数据共享平台奠定了很好的基础。2002 年，科技部联合有关部门启动了科技基础条件平台的建设工作。科技基础条件平台是在信息、网络等技术支撑下，由研究实验基地、大型科学设施和仪器装备、科学数据与信息、自然科技资源等组成，通过有效配置和共享，服务于全社会科技创新的支撑体系。平台建设重点的第三项是“科学数据共享平台”，建设工作包括以下几项：①打破条块分割，对相关部门和行业长期持续积累的数据资源，以及国家科技计划项目的数据进行整理、汇交和建库。抢救濒临丢失的重要科学数据，重要历史资料要尽快做到数字化。②以政府资助获取与积累的科学数据资源为重点，整合相关的主体数据库，构建集中与分布相结合的国家科学数据中心群。提高与国际科学数据组织的信息交换能力，推动面向各类创新主体的共享服务网建设，形成国家科学数据分级分类共享服务体系。

地学科学数据主要发布在“国家地球系统科学数据共享平台”(www. geodata. cn)和“国家基础科学数据共享服务平台”(www. nsdata. cn)。地球系统科学数据共享平台属于国家科技基础条件平台下的科学数据共享平台。该平台早在 2002 年就作为我国科学数据共享工程的首批 9 个试点之一启动建设，经历了近 6 年的试点和建设，于 2004 年纳入国家科技基础条件平台。它属于科学数据共享工程规划中的“基础科学与前沿研究”领域，主要为地球系统科学的基础研究和学科前沿创新提供科学数据支撑和数据服务，是目前科学数据共享中唯一以整合和集成科研院所、高等院校和科学家个人通过科研活动所产生的分散科学数据为重点的平台。地球系统科学数据共享平台中“特色专题数据库”包含科技基础性工作专项数据数据库，历年科技基础性工作专项项目结题的项目数据整合发布和对外共享汇聚在此。本课题属于科技基础性工作专项，数据汇交后也应在此平台发布数据。

地球系统科学数据具有分散、多源、异构、海量等特点，在全球性环境问题日益加剧的背景下，地球系统科学数据是全球变化创新研究和区域可持续发展决策等的重要基础。为了能够有效集成、共享这些数据资源，开展地学数据共享软件系统的研究，为科技界和公众提供地学领域科学数据共享服务，目前已建立的多个地球系统科学数据网站或平台取得了较好的技术成果，在数据共享软件的总体架构、功能体系、业务模式和部署应用等多个方面积累了宝贵的经验。随着现代信息技术的发展，结合云服务、Web2. 0、移动通信等先进技术展开新的应用，面向全球用户提供多种方式的数据浏览、在线分析和数据下载，是地学数据共享软件下一步的重点发展方向。

本课题研究对象是地质灾害数据，也属于地球系统科学数据范畴。地质灾害成因复杂、信息包容量大、研究历史较短，所以地质灾害信息系统的开发研制受到一定程度的影响与制约。目前，我国还未正式制定颁布地质灾害信息系统的相关数据标准，与地质灾害密切相关的其他学科信息标准也不很完善。建立标准的地质灾害数据库、规范调查数据采集和应用、地质灾害调查成果的管理使用和共享的应用模式及技术标准，是现阶段地质灾害数据库开发和信息系统开发面临的重点问题。

§2 数据来源与分析

2.1 地质灾害调查数据

地质灾害调查的目的是查明本地区地质灾害隐患点发育分布情况，并对其稳定性、危害性进行初步评价，划分出地质灾害易发区。通常以县(市)行政区为调查区，工作程序是在查明区域内滑坡、崩塌、泥石流、地裂缝、不稳定斜坡等地质灾害隐患点的基础上，对地质灾害的危害程度进行评估、研究，划分出危害规模、灾害等级、易发区、较易发区、不易发区，并提出重点防治区、较重点防治区、一般防治区以及相应的防治、预警措施及撤离路线等。对于野外地质调查的数据，除了描述灾害的数值(或文本)类型的数据信息外，还应包括图形(矢量结构)、图片、多媒体等信息。调查人员使用开发好的数据录入系统软件以及相应的数据库。地质灾害所涉及到的数据结构是复杂的，且数据信息是多变的。从数据信息的使用目的考虑，既要包括进行各种单体地质灾害预测防治的基础地质信息，为单体灾害的治理提供信息，又要包括进行宏观决策所需要的背景地质资料。概括起来描述地质灾害的数据范畴包括以下几方面：描述各种地质灾害现状的资料，各种地质灾害的活动历史(或发生发展过程)，各种地质灾害的经济损失和社会影响，对单体地质灾害预测防治所需要的基础地质资料；宏观背景和基础地质资料，社会背景(人类工程活动情况)。从数据的结构类型来讲，可以划分为两大类：结构化数据，各种数值、文本，存放于数据库表中；非结构化数据，图片、视频等。

由于这些数据库、软件是不同时期开发的，不同单位使用所产生的，普遍存在的问题是数据库结构和内容有差异，典型的特点是不同时期或不同调查任务有不同的数据类型组合，数据的大规模应用必须进行整合集成。

本课题数据主要来自各地县(市)地质灾害调查所使用的几种数据录入系统所形成的数据文件。

2.2 课题数据来源与分析

本课题地质灾害调查数据多来自于各类调查录入软件，如“地质灾害详细调查录入系统”“地质灾害大调查数据库”“地质灾害数据库”等。这类软件都是由桌面数据库 Access 和前台数据录入管理模块构成。

项目组提供目标原型“地质灾害详细调查录入系统”(图 2-1),是一套数据录入工作软件,单机版软件,后台数据库是 Microsoft Access,附带峨边县地质灾害数据。数据库文件:峨边彝族自治县 .mdb,文件大小 5.5M,可用 MS office 下的 Access 打开和编辑。该库共有 30 个表,均为单表,没有关系设计。经分析,项目需要的有效数据是崩塌主表、不稳定斜坡主表、滑坡主表、泥石流主表。

图 2-1 地质灾害详细调查录入系统

对于本课题研究来说,只需将研究重点放在已经录入完成的 Access 下的 mdb 文件即可。经过分析对比,不同来源的调查数据在库表结构上也不完全相同,这是数据整合面对的主要难点。

2.2.1 两种主要库表结构

经过逐一分析,不同的数据来源,库表的构造不同,本书以地名命名两种主要的库表结构。

(1)峨边结构,内有 30 个表,调查数据如图 2-2 所示。

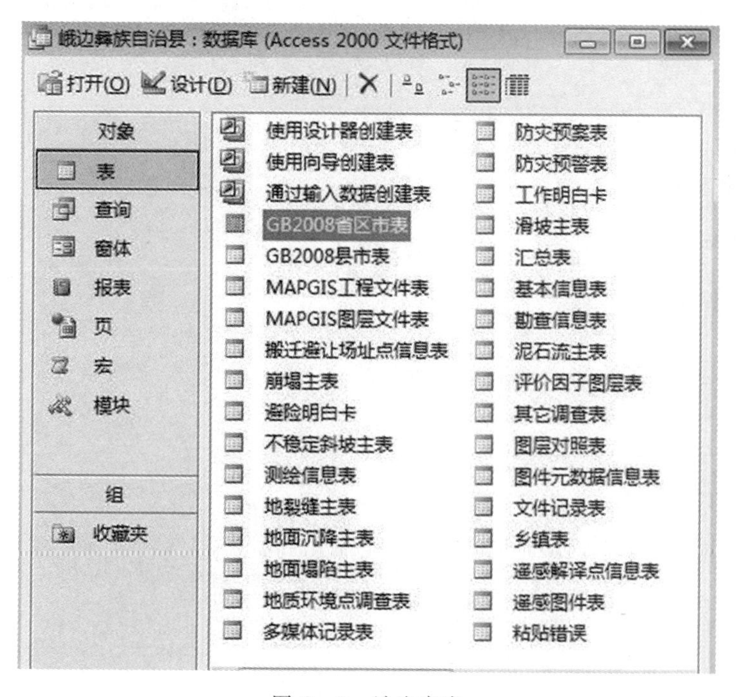

图 2-2 峨边库表

峨边库表主要包括崩塌主表、不稳定斜坡主表、滑坡主表、泥石流主表。

(2)什邡结构,内有 57 个表,调查数据如图 2-3 所示。

什邡库表主要包括崩塌主表、斜坡主表、滑坡主表、泥石流主表,其中,斜坡主表名称不同于峨边结构。

图 2-3 什邡库表

对比结果,两种库表结构虽然差别很大,但跟本课题有关的主要数据内容都囊括在相关的 4 个表中。主要差别是表名称不同,峨边结构中的"不稳定斜坡主表"对应什邡结构中的"斜坡主表"。

2.2.2 斜坡主表结构

峨边结构中的"斜坡主表",具有 170 个字段,字段名如表 2-1 所示。

表 2-1 峨边斜坡主表字段名

1. 项目名称	33. 日最大降雨	65. 控制面结构倾角 3
2. 图幅名	34. 时最大降雨	66. 控制面结构长度 3
3. 图幅编号	35. 洪水位	67. 控制面结构间距 3
4. 统一编号	36. 枯水位	68. 全风化带深度
5. 名称	37. 相对河流位置	69. 卸荷裂隙深度
6. 野外编号	38. 土地利用	70. 土体名称
7. 室内编号	39. 最大坡高	71. 土体密实度
8. 县(市)编号	40. 最大坡长	72. 土体稠度
9. 斜坡类型	41. 最大坡宽	73. 下伏基岩岩性
10. 斜坡变形趋势	42. 最大厚度	74. 下伏基岩时代
11. 省	43. 平均坡度	75. 下伏基岩倾向
12. 市	44. 总体坡向	76. 下伏基岩倾角
13. 县	45. 预测体积	77. 下伏基岩埋深
14. 乡	46. 预测规模等级	78. 地下水埋深
15. 村	47. 坡面形态	79. 地下水露头
16. 组	48. 岩体结构类型	80. 地下水补给类型
17. 地点	49. 岩体厚度	81. 变形迹象名称 1
18. *X* 坐标	50. 岩体裂隙组数	82. 变形迹象部位 1
19. *Y* 坐标	51. 岩体块度	83. 变形迹象特征 1
20. 坡顶标高	52. 斜坡结构类型	84. 变形迹象初现时间年 1
21. 坡脚标高	53. 控制面结构类型 1	85. 变形迹象初现时间月 1
22. 经度	54. 控制面结构倾向 1	86. 变形迹象初现时间日 1
23. 纬度	55. 控制面结构倾角 1	87. 变形迹象名称 2
24. 地层时代	56. 控制面结构长度 1	88. 变形迹象部位 2
25. 地层岩性	57. 控制面结构间距 1	89. 变形迹象特征 2
26. 地层倾向	58. 控制面结构类型 2	90. 变形迹象初现时间年 2
27. 地层倾角	59. 控制面结构倾向 2	91. 变形迹象初现时间月 2
28. 构造部位	60. 控制面结构倾角 2	92. 变形迹象初现时间日 2
29. 地震烈度	61. 控制面结构长度 2	93. 变形迹象名称 3
30. 微地貌	62. 控制面结构间距 2	94. 变形迹象部位 3
31. 地下水类型	63. 控制面结构类型 3	95. 变形迹象特征 3
32. 年均降雨量	64. 控制面结构倾向 3	96. 变形迹象初现时间年 3

续表 2-1

97. 变形迹象初现时间月 3	122. 变形迹象初现时间日 7	147. 搬迁避让
98. 变形迹象初现时间日 3	123. 变形迹象名称 8	148. 群测人员
99. 变形迹象名称 4	124. 变形迹象部位 8	149. 遥感点
100. 变形迹象部位 4	125. 变形迹象特征 8	150. 勘查点
101. 变形迹象特征 4	126. 变形迹象初现时间年 8	151. 测绘点
102. 变形迹象初现时间年 4	127. 变形迹象初现时间月 8	152. 村长
103. 变形迹象初现时间月 4	128. 变形迹象初现时间日 8	153. 电话
104. 变形迹象初现时间日 4	129. 可能失稳因素目前稳定状态	154. 隐患点
105. 变形迹象名称 5	130. 今后变化趋势	155. 防灾预案
106. 变形迹象部位 5	131. 毁坏房屋户	156. 多媒体
107. 变形迹象特征 5	132. 毁坏房屋间	157. 调查负责人
108. 变形迹象初现时间年 5	133. 毁路	158. 填表人
109. 变形迹象初现时间月 5	134. 毁渠	159. 审核人
110. 变形迹象初现时间日 5	135. 其他危害	160. 调查单位
111. 变形迹象名称 6	136. 直接损失	161. 填表日期年
112. 变形迹象部位 6	137. 灾情等级	162. 填表日期月
113. 变形迹象特征 6	138. 威胁人口	163. 填表日期日
114. 变形迹象初现时间年 6	139. 威胁财产	164. 野外记录信息
115. 变形迹象初现时间月 6	140. 险情等级	165. 平面示意图
116. 变形迹象初现时间日 6	141. 威胁对象	166. 剖面示意图
117. 变形迹象名称 7	142. 监测建议	167. 矢量平面图
118. 变形迹象部位 7	143. 防治建议	168. 矢量剖面图
119. 变形迹象特征 7	144. 防治监测	169. 录像
120. 变形迹象初现时间年 7	145. 防治治理	170. 威胁房屋户
121. 变形迹象初现时间月 7	146. 群测群防	—

注:表中序号是为了数据整合方便而添加的。

什加结构中的斜坡主表,具有125个字段,字段名及字段属性(类型)如表2-2所示。

表2-2 什加斜坡主表字段名及字段属性表

1. 统一编号 CHAR(12)	31. 平均坡度 FLOAT	61. 下伏基岩倾向 INTEGER
2. 名称 CHAR(220)	32. 总体坡向 FLOAT	62. 下伏基岩倾角 INTEGER
3. 野外编号 CHAR(10)	33. 坡面形态 CHAR(20)	63. 下伏基岩埋深 FLOAT
4. 室内编号 CHAR(11)	34. 岩体结构类型 CHAR(60)	64. 地下水埋深 FLOAT
5. 斜坡类型 CHAR(40)	35. 岩体厚度 FLOAT	65. 地下水露头 CHAR(20)
6. 地理位置 CHAR(50)	36. 岩体裂隙组数 INTEGER	66. 地下水补给类型 CHAR(24)
7. X 坐标 INTEGER	37. 岩体块度 CHAR(50)	67. 变形迹象名称 1CHAR(20)
8. Y 坐标 INTEGER	38. 斜坡结构类型 CHAR(120)	68. 变形迹象部位 1CHAR(50)
9. 坡顶标高 FLOAT	39. 控制面结构类型 1CHAR(20)	69. 变形迹象特征 1CHAR(200)
10. 坡脚标高 FLOAT	40. 控制面结构倾向 1INTEGER	70. 变形迹象初现时间 1CHAR(50)
11. 经度 CHAR(50)	41. 控制面结构倾角 1INTEGER	71. 变形迹象名称 2CHAR(20)
12. 纬度 CHAR(50)	42. 控制面结构长度 1FLOAT	72. 变形迹象部位 2CHAR(50)
13. 地层时代 CHAR(50)	43. 控制面结构间距 1FLOAT	73. 变形迹象特征 2CHAR(200)
14. 地层岩性 CHAR(50)	44. 控制面结构类型 2CHAR(20)	74. 变形迹象初现时间 2CHAR(50)
15. 地层倾向 INTEGER	45. 控制面结构倾向 2INTEGER	75. 变形迹象名称 3CHAR(20)
16. 地层倾角 INTEGER	46. 控制面结构倾角 2INTEGER	76. 变形迹象部位 3CHAR(50)
17. 构造部位 CHAR(50)	47. 控制面结构长度 2FLOAT	77. 变形迹象特征 3CHAR(200)
18. 地震烈度 CHAR(8)	48. 控制面结构间距 2FLOAT	78. 变形迹象初现时间 3CHAR(50)
19. 微地貌 CHAR(82)	49. 控制面结构类型 3CHAR(20)	79. 变形迹象名称 4CHAR(20)
20. 地下水类型 CHAR(68)	50. 控制面结构倾向 3INTEGER	80. 变形迹象部位 4CHAR(50)
21. 年均降雨量 FLOAT	51. 控制面结构倾角 3INTEGER	81. 变形迹象特征 4CHAR(200)
22. 日最大降雨 FLOAT	52. 控制面结构长度 3FLOAT	82. 变形迹象初现时间 4CHAR(50)
23. 时最大降雨 FLOAT	53. 控制面结构间距 3FLOAT	83. 变形迹象名称 5CHAR(20)
24. 洪水位 FLOAT	54. 全风化带深度 FLOAT	84. 变形迹象部位 5CHAR(50)
25. 枯水位 FLOAT	55. 卸荷裂隙深度 FLOAT	85. 变形迹象特征 5CHAR(200)
26. 相对河流位置 CHAR(82)	56. 土体名称 CHAR(50)	86. 变形迹象初现时间 5CHAR(50)
27. 土地利用 CHAR(150)	57. 土体密实度 CHAR(12)	87. 变形迹象名称 6CHAR(20)
28. 最大坡高 FLOAT	58. 土体稠度 CHAR(20)	88. 变形迹象部位 6CHAR(50)
29. 最大坡长 FLOAT	59. 下伏基岩岩性 CHAR(50)	89. 变形迹象特征 6CHAR(200)
30. 最大坡宽 FLOAT	60. 下伏基岩时代 CHAR(50)	90. 变形迹象初现时间 6CHAR(50)

续表 2-2

91. 变形迹象名称 7CHAR(20)	103. 毁路 FLOAT	115. 电话 CHAR(20)
92. 变形迹象部位 7CHAR(50)	104. 毁渠 FLOAT	116. 隐患点 SMALLINT not null
93. 变形迹象特征 7CHAR(200)	105. 其他危害 CHAR(50)	117. 防灾预案 SMALLINT not null
94. 变形迹象初现时间 7CHAR(50)	106. 直接损失 FLOAT	118. 多媒体 SMALLINT not null
95. 变形迹象名称 8CHAR(20)	107. 灾情等级 CHAR(16)	119. 调查负责人 CHAR(8)
96. 变形迹象部位 8CHAR(50)	108. 威胁人口 INTEGER	120. 填表人 CHAR(8)
97. 变形迹象特征 8CHAR(200)	109. 威胁财产 FLOAT	121. 审核人 CHAR(8)
98. 变形迹象初现时间 8CHAR(50)	110. 险情等级 CHAR(20)	122. 调查单位 CHAR(50)
99. 可能失稳因素 CHAR(92)	111. 监测建议 CHAR(60)	123. 填表日期 CHAR(20)
100. 目前稳定状态 CHAR(40)	112. 防治建议 CHAR(130)	124. 平面示意图 BLOB
101. 今后变化趋势 CHAR(40)	113. 群测人员 CHAR(20)	125. 剖面示意图 BLOB
102. 毁坏房屋 FLOAT	114. 村长 CHAR(18)	—

注:CHAR 为文字,SMALLINT 为整型,INTEGER 为长整型,FLOAT 为双精度型,BLOB 为二进制大对象。

2.2.3 崩塌主表

峨边结构中的崩塌主表,具有 228 个字段,什邡崩塌主表具有 140 个字段。什邡崩塌主表字段名如表 2-3 所示。

表 2-3 什邡崩塌主表字段名

1. 统一编号	13. 纬度	25. 洪水位
2. 名称	14. 地层时代	26. 枯水位
3. 野外编号	15. 地层岩性	27. 相对河流位置
4. 室内编号	16. 构造部位	28. 坡高
5. 斜坡类型	17. 地震烈度	29. 坡长
6. 崩塌类型	18. 地层倾向	30. 坡宽
7. 地理位置	19. 地层倾角	31. 规模
8. X 坐标	20. 微地貌	32. 规模等级
9. Y 坐标	21. 地下水类型	33. 坡度
10. 坡顶标高	22. 年均降雨量	34. 坡向
11. 坡脚标高	23. 日最大降雨	35. 岩体结构类型
12. 经度	24. 时最大降雨	36. 岩体厚度

续表 2－3

37. 岩体裂隙组数	69. 变形迹象名称 2	101. 地下水露头
38. 岩体块度	70. 变形迹象部位 2	102. 地下水补给类型
39. 斜坡结构类型	71. 变形迹象特征 2	103. 堆积体长度
40. 控制结构面类型 1	72. 变形迹象初现时间 2	104. 堆积体宽度
41. 控制结构面倾向 1	73. 变形迹象名称 3	105. 堆积体厚度
42. 控制结构面倾角 1	74. 变形迹象部位 3	106. 堆积体体积
43. 控制结构面长度 1	75. 变形迹象特征 3	107. 堆积体坡度
44. 控制结构面间距 1	76. 变形迹象初现时间 3	108. 堆积体坡向
45. 控制结构面类型 2	77. 变形迹象名称 4	109. 堆积体坡面形态
46. 控制结构面倾向 2	78. 变形迹象部位 4	110. 堆积体稳定性
47. 控制结构面倾角 2	79. 变形迹象特征 4	111. 堆积体可能失稳因素
48. 控制结构面长度 2	80. 变形迹象初现时间 4	112. 堆积体目前稳定状态
49. 控制结构面间距 2	81. 变形迹象名称 5	113. 堆积体今后变化趋势
50. 控制结构面类型 3	82. 变形迹象部位 5	114. 隐患点
51. 控制结构面倾向 3	83. 变形迹象特征 5	115. 防灾预案
52. 控制结构面倾角 3	84. 变形迹象初现时间 5	116. 多媒体
53. 控制结构面长度 3	85. 变形迹象名称 6	117. 死亡人口
54. 控制结构面间距 3	86. 变形迹象部位 6	118. 毁坏房屋
55. 全风化带深度	87. 变形迹象特征 6	119. 毁路
56. 卸荷裂缝深度	88. 变形迹象初现时间 6	120. 毁渠
57. 土体名称	89. 变形迹象名称 7	121. 其他危害
58. 土体密实度	90. 变形迹象部位 7	122. 直接损失
59. 土体稠度	91. 变形迹象特征 7	123. 灾情等级
60. 下伏基岩时代	92. 变形迹象初现时间 7	124. 威胁人口
61. 下伏基岩岩性	93. 变形迹象名称 8	125. 威胁财产
62. 下伏基岩倾向	94. 变形迹象部位 8	126. 险情等级
63. 下伏基岩倾角	95. 变形迹象特征 8	127. 监测建议
64. 下伏基岩埋深	96. 变形迹象初现时间 8	128. 防治建议
65. 变形迹象名称 1	97. 危岩体可能失稳因素	129. 群测人员
66. 变形迹象部位 1	98. 危岩体日前稳定程度	130. 村长
67. 变形迹象特征 1	99. 危岩体今后变化趋势	131. 电话
68. 变形迹象初现时间 1	100. 地下水埋深	132. 调查负责人

续表 2-3

133. 填表人	136. 填表日期	139. 平面示意图
134. 审核人	137. 土地利用	140. 剖面示意图
135. 调查单位	138. 发生时间	—

2.2.4 滑坡主表

峨边结构中的滑坡主表，具有 197 个字段，什邡滑坡主表具有 134 个字段，什邡滑坡主表字段名如表 2-4 所示。

表 2-4 什邡滑坡主表字段名

1. 统一编号	23. 地下水类型	45. 滑坡厚度
2. 名称	24. 年均降雨量	46. 滑坡坡度
3. 野外编号	25. 日最大降雨量	47. 滑坡坡向
4. 室内编号	26. 时最大降雨量	48. 滑坡面积
5. 滑坡年代	27. 洪水位	49. 滑坡体积
6. 滑坡时间	28. 枯水位	50. 滑坡平面形态
7. 滑坡类型	29. 相对河流位置	51. 滑坡剖面形态
8. 滑体性质	30. 原始坡高	52. 规模等级
9. X 坐标	31. 原始坡度	53. 滑体岩性
10. Y 坐标	32. 原始坡形	54. 滑体结构
11. 冠	33. 斜坡结构类型	55. 滑体碎石含量
12. 趾	34. 控滑结构面类型 1	56. 滑体块度
13. 经度	35. 控滑结构面倾向 1	57. 滑床岩性
14. 纬度	36. 控滑结构面倾角 1	58. 滑床时代
15. 地理位置	37. 控滑结构面类型 2	59. 滑床倾向
16. 地层时代	38. 控滑结构面倾向 2	60. 滑床倾角
17. 地层岩性	39. 控滑结构面倾角 2	61. 滑面形态
18. 构造部位	40. 控滑结构面类型 3	62. 滑面埋深
19. 地震烈度	41. 控滑结构面倾向 3	63. 滑面倾向
20. 地层倾向	42. 控滑结构面倾角 3	64. 滑面倾角
21. 地层倾角	43. 滑坡长度	65. 滑带厚度
22. 微地貌	44. 滑坡宽度	66. 滑带土名称

续表 2－4

67. 滑带土性状	90. 变形迹象特征 5	113. 毁坏房屋
68. 地下水埋深	91. 变形迹象初现时间 5	114. 死亡人口
69. 地下水露头	92. 变形迹象名称 6	115. 直接损失
70. 地下水补给类型	93. 变形迹象部位 6	116. 灾情等级
71. 土地使用	94. 变形迹象特征 6	117. 威胁住户
72. 变形迹象名称 1	95. 变形迹象初现时间 6	118. 威胁人口
73. 变形迹象部位 1	96. 变形迹象名称 7	119. 威胁财产
74. 变形迹象特征 1	97. 变形迹象部位 7	120. 险情等级
75. 变形迹象初现时间 1	98. 变形迹象特征 7	121. 防灾预案
76. 变形迹象名称 2	99. 变形迹象初现时间 7	122. 多媒体
77. 变形迹象部位 2	100. 变形迹象名称 8	123. 监测建议
78. 变形迹象特征 2	101. 变形迹象部位 8	124. 防治建议
79. 变形迹象初现时间 2	102. 变形迹象特征 8	125. 群测人员
80. 变形迹象名称 3	103. 变形迹象初现时间 8	126. 村长
81. 变形迹象部位 3	104. 地质因素	127. 电话
82. 变形迹象特征 3	105. 地貌因素	128. 调查负责人
83. 变形迹象初现时间 3	106. 物理因素	129. 填表人
84. 变形迹象名称 4	107. 人为因素	130. 审核人
85. 变形迹象部位 4	108. 主导因素	131. 调查单位
86. 变形迹象特征 4	109. 复活诱发因素	132. 填表日期
87. 变形迹象初现时间 4	110. 目前稳定状态	133. 平面示意图
88. 变形迹象名称 5	111. 今后变化趋势	134. 剖面示意图
89. 变形迹象部位 5	112. 隐患点	—

2.2.5 泥石流主表

峨边结构中的泥石流主表，具有 231 个字段，什邡泥石流主表具有 182 个字段，什邡泥石流主表字段名如表 2－5 所示。

表 2－5 什邡泥石流主表字段名

1. 统一编号	33. 沟口扇形地发展趋势	65. 灾害史全毁房屋 1
2. 名称	34. 沟口扇形地扇长	66. 灾害史半毁房屋 1
3. 野外编号	35. 沟口扇形地扇宽	67. 灾害史全毁农田 1
4. 室内编号	36. 沟口扇形地扩散角	68. 灾害史半毁农田 1
5. 经度	37. 沟口扇形地挤压大河	69. 灾害史毁坏道路 1
6. 纬度	38. 地质构造	70. 灾害史毁坏桥梁 1
7. 地理位置	39. 地震烈度	71. 灾害史直接损失 1
8. 最大标高	40. 滑坡活动程度	72. 灾害史灾情等级 1
9. 最小标高	41. 滑坡规模	73. 灾害史发生时间 2
10. X 坐标	42. 人工弃体活动程度	74. 灾害史死亡人口 2
11. Y 坐标	43. 人工弃体规模	75. 灾害史损失牲畜 2
12. 水系名称	44. 自然堆积活动程度	76. 灾害史全毁房屋 2
13. 主河名称	45. 自然堆积规模	77. 灾害史半毁房屋 2
14. 相对主河位置	46. 森林	78. 灾害史全毁农田 2
15. 沟口至主河道距	47. 灌丛	79. 灾害史半毁农田 2
16. 流动方向	48. 草地	80. 灾害史毁坏道路 2
17. 水动力类型	49. 缓坡耕地	81. 灾害史毁坏桥梁 2
18. 沟口巨石 A	50. 荒地	82. 灾害史直接损失 2
19. 沟口巨石 B	51. 陡坡耕地	83. 灾害史灾情等级 2
20. 沟口巨石 C	52. 建筑用地	84. 灾害史发生时间 3
21. 泥砂补给途径	53. 其他用地	85. 灾害史死亡人口 3
22. 补给区位置	54. 防治措施现状	86. 灾害史损失牲畜 3
23. 年最大降雨	55. 防治措施类型	87. 灾害史全毁房屋 3
24. 年平均降雨	56. 监测措施	88. 灾害史半毁房屋 3
25. 日最大降雨	57. 监测措施类型	89. 灾害史全毁农田 3
26. 日平均降雨	58. 威胁危害对象	90. 灾害史半毁农田 3
27. 时最大降雨	59. 威胁人口	91. 灾害史毁坏道路 3
28. 时平均降雨	60. 威胁财产	92. 灾害史毁坏桥梁 3
29. 十分钟最大降雨	61. 险情等级	93. 灾害史直接损失 3
30. 十分钟平均降雨	62. 灾害史发生时间 1	94. 灾害史灾情等级 3
31. 沟口扇形地完整性	63. 灾害史死亡人口 1	95. 灾害史发生时间 4
32. 沟口扇形地变幅	64. 灾害史损失牲畜 1	96. 灾害史死亡人口 4

续表 2-5

97. 灾害史损失牲畜 4	126. 冲淤变幅	155. 防治建议
98. 灾害史全毁房屋 4	127. 岩性因素	156. 隐患点
99. 灾害史半毁房屋 4	128. 松散物储量	157. 防灾预案
100. 灾害史全毁农田 4	129. 山坡坡度	158. 多媒体
101. 灾害史半毁农田 4	130. 沟槽横断面	159. 群测人员
102. 灾害史毁坏道路 4	131. 松散物平均厚	160. 村长
103. 灾害史毁坏桥梁 4	132. 流域面积	161. 电话
104. 灾害史直接损失 4	133. 相对高差	162. 调查负责人
105. 灾害史灾情等级 4	134. 堵塞程度	163. 填表人
106. 灾害史发生时间 5	135. 评分 1	164. 审核人
107. 灾害史死亡人口 5	136. 评分 2	165. 调查单位
108. 灾害史损失牲畜 5	137. 评分 3	166. 填表日期
109. 灾害史全毁房屋 5	138. 评分 4	167. xxcs1
110. 灾害史半毁房屋 5	139. 评分 5	168. xxcs2
111. 灾害史全毁农田 5	140. 评分 6	169. xxcs3
112. 灾害史半毁农田 5	141. 评分 7	170. xxcs4
113. 灾害史毁坏道路 5	142. 评分 8	171. xxcs5
114. 灾害史毁坏桥梁 5	143. 评分 9	172. xxcs6
115. 灾害史直接损失 5	144. 评分 10	173. xxcs7
116. 灾害史灾情等级 5	145. 评分 11	174. xxcs8
117. 泥石流冲出方量	146. 评分 12	175. xxcs9
118. 泥石流规模等级	147. 评分 13	176. xxcs10
119. 泥石流泥位	148. 评分 14	177. xxcs11
120. 不良地质现象	149. 评分 15	178. xxcs12
121. 补给段长度比	150. 总分	179. xxcs13
122. 沟口扇形地	151. 易发程度	180. xxcs14
123. 主沟纵坡	152. 泥石流类型	181. xxcs15
124. 新构造影响	153. 发展阶段	182. 示意图
125. 植被覆盖率	154. 监测建议	—

2.2.6 数据库的表结构对比

Access 数据表是由表名、表中的字段和表的记录 3 个部分组成的。数据表结构包括数据表文件名,数据表包含的字段、各字段的字段名、字段类型及宽度。峨边库和什邡库地质灾害数据表文件名分别是“崩塌主表”“不稳定斜坡主表”“滑坡主表”“泥石流主表”和“崩塌主表”“斜坡主表”“滑坡主表”“泥石流主表”,本课题按什邡库数据表文件名统一。

经过对峨边库和什邡库的 4 类地质灾害表每个字段进行分析对比,峨边表与什邡表主要差别如下:

(1)数据库中表字段数量不一致。斜坡主表,峨边结构具有 170 个字段,什邡结构具有 125 个字段;崩塌主表,峨边结构具有 228 个字段,什邡结构具有 140 个字段;滑坡主表,峨边结构具有 197 个字段,什邡结构具有 134 个字段;泥石流主表,峨边结构具有 231 个字段,什邡结构具有 182 个字段。很明显,峨边库表中的字段数多于什邡库表中的字段数,峨边库表中有而什邡库表中没有的字段如“项目名称”“图幅名”“图幅编号”等。

(2)数据库中表字段名称不一致。如峨边库表中的字段“地点”在什邡库表中对应名称是“地理位置”。

(3)数据库中表的字段属性(字段类型及宽度)不一致。如文字属性字段长度不同,数字属性被文字属性替代,整数和非整数不一致。

(4)对同一事物描述所用的字段数量不一致。如什邡库表中的“变形迹象初现时间”对应峨边库表中的 3 个字段“变形迹象初现时间年”“变形迹象初现时间月”“变形迹象初现时间日”。

比较后可得出的结论是,从设计合理性角度考虑,什邡库表结构优于峨边库表。从数据库信息量考虑,峨边库数据大于什邡库数据。峨边库表结构定义的字段内容比什邡库表多,且能够涵盖什邡库。由于什邡表结构基本上可以看成是峨边的子集,为保证调查数据不丢失,设计新的数据库表结构以峨边库结构为蓝本进行完善更合理。

§3 数据库设计

选择合适的数据库系统，对软件系统开发来说非常重要。通常按使用成本考虑，数据库有商业数据库和开源数据库两类，当前主流的商业数据库有 Oracle、微软 SQL Server、IBM DB2 和 SybaseAdaptive SQL Server。开源方面，主要有 3 家主流数据库：MySQL、PostgreSQL 和 Ingres。所有这些数据库管理系统都已经在业界存在了 10 年以上，都可以胜任数据存储和管理的需要。

决定为一个应用程序选用什么数据库系统，功能起着重要的作用，系统在功能上能否满足要求作为是否被选用的一个关键因素。另外，在选择数据库时，要根据运行的操作系统和管理系统的情况来选择。Oracle、DB2、SQL Server 数据库主要应用于比较大的管理系统中，Access、MySQL、PostgreSQL 属于中小型的数据库，主要应用于中小型的管理系统。SQL Sever 和 Access 数据库只能在 Windows 系列的操作系统上运行。Oracle、DB2 、MySQL 则都可以在 Unix 和 Linux 操作系统上运行，但是，Oracle 和 DB2 比较复杂，而 MySQL 和 PostgreSQL 都非常易用，但性能比不上 Oracle。

本项研究是建立基于互联网的数据发布与共享软件，Web 服务和数据库服务基于 Linux 操作系统，数据库管理系统选择 Oracle。

新开发的网站使用 Oracle 数据库，原来数据使用的是 Access，可行的方案是通过 ODBC 把原来的数据对应地导入 Oracle 中。ODBC(Open Database Connectivity，开放数据库连接)是微软公司开放服务结构(WOSA，Windows Open Services Architecture)中有关数据库的一个组成部分，它建立了一组规范，并提供了一组对数据库访问的标准 API(应用程序编程接口)。这些 API 利用 SQL 来完成其大部分任务。为解决异构数据库间的数据共享，ODBC 提供了对 SQL 语言的支持，允许应用程序以 SQL 为数据存取标准，存取不同 DBMS 管理的数据，用户可以直接将 SQL 语句送给 ODBC。

3.1 数据库设计要求

传统上，为了建立冗余较小、结构合理的数据库，设计数据库时必须遵循一定的规则，在关系型数据库中这种规则就称为范式。数据库设计有三大范式，称为第一、第二、第三范式，3 个范式可简单通俗地理解为：第一范式，要求属性具有原子性，不可再分解；第二范式，对记录的唯一性约束，要求记录有唯一标识，即实体的唯一性；第三范式，对字段冗余性的约束，即任何字段不能由其他字段派生出来，它要求字段没有冗余。很显然峨边库和什邡库的4种灾害表都有上百个字段，不符合这三大范式。本项研究最根本的是考虑维护数据的原始性，如果按数据库设计范式改造表结构，必然会丢失很多本底数据资料，而且会影响到后期的数据共享。设计高性能的表、精简合理的结构、减小数据量，可以使软件系统的运行速度更快，更好地满足功能需求和性能需求，这一点在大规模系统中是必须要考虑的。本系统功能性需求比较容易满足，考虑到用户数量不会很多，性能需求就算沿用了原有的大冗余表也能够满足。

依据本项目数据特点和数据未来应用状况设计数据库，库表结构应能够导入项目组的所有调查数据和资料，目的和要求是在 Oracle 系统中创建西南地形急变带地质灾害数据库。建成的数据库应能够支持和兼容原有地质灾害数据，有利于项目数据汇交，有利于 Web 数据共享系统搭建，有利于国家科技部相关平台门户系统接入等。

3.2 获取数据库表模型

原库表模型在 Access 中，构建新的数据库表在 Oracle 系统中，两者差别很大。Access 是由微软发布的小型数据库管理系统，界面友好、易操作，运用起来比较灵活，主要是用它来制作桌面数据库系统。Oracle 数据库系统是甲骨文公司的一款关系数据库管理系统，在数据库领域一直处于领先地位，是目前最流行的客户/服务器(CLIENT/SERVER)或 B/S 体系结构的数据库之一。直接从 Access 获取数据库表模型，再将此表模型应用于 Oracle 数据库中，改造成为本系统所需要的库表结构，是数据库设计的合理途径。

获取 Access 数据库表模型有一款专用软件 Power Designer。该软件是 Sybase 公司研发的一款开发人员常用的数据库建模工具，使用它可以对管理信息系统进行分析设计，制作数据流程图、概念数据模型(Conceptual Data Model)、物理数据模型(Physical Data Model)，还可以为数据仓库制作结构模型，几乎包括了数据库模型设计的全过程。概念数据模型描述的是独立于数据库管理系统(DBMS)的实体定义和实体关系定义，从 Access 数据库中获取概念数据模型的技术步骤是应用 Power Designer 的逆向工程完成，操作步骤如下：

(1)用 Power Designer 新建物理模型；

(2)点击 File→Reverse Engineer→Database；

(3)选择 DBMS 类型为 Access2000；

(4)选择 Using a data source；

(5)点击 Connect a data source；

(6)找到要导出的 mdb 文件(峨边彝族自治县 . mdb)→点击确定；

(7)获得源库逆向工程脚本。

这里仅以崩塌主表为例参考如下：

```
Table:崩塌主表
CreateTble C=崩塌主表 N="崩塌主表"
(
    C=项目名称 T="Text (100)" P=No M=No N="项目名称" Z=false,
    C=图幅名 T="Text (50)" P=No M=No N="图幅名" Z=false,
    C=图幅编号 T="Text (50)" P=No M=No N="图幅编号" Z=false,
    C=统一编号 T="Text (12)" P=No M=No N="统一编号" Z=false,
    C=名称 T="Text (60)" P=No M=No N="名称" Z=false,
    C=野外编号 T="Text (30)" P=No M=No N="野外编号" Z=false,
    C=县市编号 T="Text (12)" P=No M=No N="县市编号" Z=false,
    C=室内编号 T="Text (20)" P=No M=No N="室内编号" Z=false,
    C=斜坡类型 T="Text (40)" P=No M=No N="斜坡类型" Z=false,
    C=崩塌类型 T="Text (40)" P=No M=No N="崩塌类型" Z=false,
    C=省 T="Text (60)" P=No M=No N="省" Z=false,
    C=市 T="Text (60)" P=No M=No N="市" Z=false,
    C=县 T="Text (60)" P=No M=No N="县" Z=false,
    C=乡 T="Text (60)" P=No M=No N="乡" Z=false,
    C=村 T="Text (60)" P=No M=No N="村" Z=false,
    C=组 T="Text (60)" P=No M=No N="组" Z=false,
    C=地点 T="Text (250)" P=No M=No N="地点" Z=false,
    C=X 坐标 T="INTEGER" P=No M=No N="X 坐标" Z=false,
    C=Y 坐标 T="INTEGER" P=No M=No N="Y 坐标" Z=false,
    C=坡顶标高 T="REAL" P=No M=No N="坡顶标高" Z=false,
    C=坡脚标高 T="REAL" P=No M=No N="坡脚标高" Z=false,
    C=经度 T="Text (15)" P=No M=No N="经度" Z=false,
    C=纬度 T="Text (15)" P=No M=No N="纬度" Z=false,
    C=地层时代 T="Text (50)" P=No M=No N="地层时代" Z=false,
    C=地层岩性 T="Text (50)" P=No M=No N="地层岩性" Z=false,
    C=地层倾向 T="INTEGER" P=No M=No N="地层倾向" Z=false,
    C=地层倾角 T="INTEGER" P=No M=No N="地层倾角" Z=false,
    C=构造部位 T="Text (50)" P=No M=No N="构造部位" Z=false,
    C=地震烈度 T="Text (12)" P=No M=No N="地震烈度" Z=false,
    C=微地貌 T="Text (62)" P=No M=No N="微地貌" Z=false,
    C=地下水类型 T="Text (62)" P=No M=No N="地下水类型" Z=false,
    C=年均降雨量 T="REAL" P=No M=No N="年均降雨量" Z=false,
    C=日最大降雨 T="REAL" P=No M=No N="日最大降雨" Z=false,
    C=时最大降雨 T="REAL" P=No M=No N="时最大降雨" Z=false,
    C=洪水位 T="REAL" P=No M=No N="洪水位" Z=false,
    C=枯水位 T="REAL" P=No M=No N="枯水位" Z=false,
    C=相对河流位置 T="Text (62)" P=No M=No N="相对河流位置" Z=false,
```

C=土地利用 T="Text (50)" P=No M=No N="土地利用" Z=false,
C=分布高程 T="REAL" P=No M=No N="分布高程" Z=false,
C=坡高 T="REAL" P=No M=No N="坡高" Z=false,
C=坡宽 T="REAL" P=No M=No N="坡宽" Z=false,
C=坡长 T="REAL" P=No M=No N="坡长" Z=false,
C=厚度 T="REAL" P=No M=No N="厚度" Z=false,
C=规模 T="DOUBLE" P=No M=No N="规模" Z=false,
C=规模等级 T="Text (50)" P=No M=No N="规模等级" Z=false,
C=坡度 T="REAL" P=No M=No N="坡度" Z=false,
C=坡向 T="REAL" P=No M=No N="坡向" Z=false,
C=岩体结构类型 T="Text (66)" P=No M=No N="岩体结构类型" Z=false,
C=岩体厚度 T="REAL" P=No M=No N="岩体厚度" Z=false,
C=岩体裂隙组数 T="REAL" P=No M=No N="岩体裂隙组数" Z=false,
C=岩体块度 T="Text (50)" P=No M=No N="岩体块度" Z=false,
C=斜坡结构类型 T="Text (42)" P=No M=No N="斜坡结构类型" Z=false,
C=控制结构面类型 1 T="Text (50)" P=No M=No N="控制结构面类型 1" Z=false,
C=控制结构面倾向 1 T="INTEGER" P=No M=No N="控制结构面倾向 1" Z=false,
C=控制结构面倾角 1 T="INTEGER" P=No M=No N="控制结构面倾角 1" Z=false,
C=控制结构面长度 1 T="REAL" P=No M=No N="控制结构面长度 1" Z=false,
C=控制结构面间距 1 T="REAL" P=No M=No N="控制结构面间距 1" Z=false,
C=控制结构面类型 2 T="Text (50)" P=No M=No N="控制结构面类型 2" Z=false,
C=控制结构面倾向 2 T="INTEGER" P=No M=No N="控制结构面倾向 2" Z=false,
C=控制结构面倾角 2 T="INTEGER" P=No M=No N="控制结构面倾角 2" Z=false,
C=控制结构面长度 2 T="REAL" P=No M=No N="控制结构面长度 2" Z=false,
C=控制结构面间距 2 T="REAL" P=No M=No N="控制结构面间距 2" Z=false,
C=控制结构面类型 3 T="Text (50)" P=No M=No N="控制结构面类型 3" Z=false,
C=控制结构面倾向 3 T="INTEGER" P=No M=No N="控制结构面倾向 3" Z=false,
C=控制结构面倾角 3 T="INTEGER" P=No M=No N="控制结构面倾角 3" Z=false,
C=控制结构面长度 3 T="REAL" P=No M=No N="控制结构面长度 3" Z=false,
C=控制结构面间距 3 T="REAL" P=No M=No N="控制结构面间距 3" Z=false,
C=全风化带深度 T="REAL" P=No M=No N="全风化带深度" Z=false,
C=卸荷裂缝深度 T="REAL" P=No M=No N="卸荷裂缝深度" Z=false,
C=土体名称 T="Text (50)" P=No M=No N="土体名称" Z=false,
C=土体密实度 T="Text (6)" P=No M=No N="土体密实度" Z=false,
C=土体稠度 T="Text (40)" P=No M=No N="土体稠度" Z=false,
C=下伏基岩岩性 T="Text (50)" P=No M=No N="下伏基岩岩性" Z=false,
C=下伏基岩时代 T="Text (50)" P=No M=No N="下伏基岩时代" Z=false,
C=下伏基岩倾向 T="INTEGER" P=No M=No N="下伏基岩倾向" Z=false,
C=下伏基岩倾角 T="INTEGER" P=No M=No N="下伏基岩倾角" Z=false,
C=下伏基岩埋深 T="INTEGER" P=No M=No N="下伏基岩埋深" Z=false,

C=形成时间年 T="INTEGER" P=No M=No N="形成时间年" Z=false,
C=形成时间月 T="INTEGER" P=No M=No N="形成时间月" Z=false,
C=形成时间日 T="INTEGER" P=No M=No N="形成时间日" Z=false,
C=发生崩塌次数 T="INTEGER" P=No M=No N="发生崩塌次数" Z=false,
C=序号 1 T="INTEGER" P=No M=No N="序号 1" Z=false,
C=发生时间年 1 T="INTEGER" P=No M=No N="发生时间年 1" Z=false,
C=发生时间月 1 T="INTEGER" P=No M=No N="发生时间月 1" Z=false,
C=发生时间日 1 T="INTEGER" P=No M=No N="发生时间日 1" Z=false,
C=发生时间时 1 T="INTEGER" P=No M=No N="发生时间时 1" Z=false,
C=发生时间分 1 T="INTEGER" P=No M=No N="发生时间分 1" Z=false,
C=发生时间秒 1 T="INTEGER" P=No M=No N="发生时间秒 1" Z=false,
C=规模 1 T="DOUBLE" P=No M=No N="规模 1" Z=false,
C=诱发因素 1 T="Text (100)" P=No M=No N="诱发因素 1" Z=false,
C=死亡人数 1 T="INTEGER" P=No M=No N="死亡人数 1" Z=false,
C=直接损失 1 T="DOUBLE" P=No M=No N="直接损失 1" Z=false,
C=序号 2 T="INTEGER" P=No M=No N="序号 2" Z=false,
C=发生时间年 2 T="INTEGER" P=No M=No N="发生时间年 2" Z=false,
C=发生时间月 2 T="INTEGER" P=No M=No N="发生时间月 2" Z=false,
C=发生时间日 2 T="INTEGER" P=No M=No N="发生时间日 2" Z=false,
C=发生时间时 2 T="INTEGER" P=No M=No N="发生时间时 2" Z=false,
C=发生时间分 2 T="INTEGER" P=No M=No N="发生时间分 2" Z=false,
C=发生时间秒 2 T="INTEGER" P=No M=No N="发生时间秒 2" Z=false,
C=规模 2 T="DOUBLE" P=No M=No N="规模 2" Z=false,
C=诱发因素 2 T="Text (100)" P=No M=No N="诱发因素 2" Z=false,
C=死亡人数 2 T="INTEGER" P=No M=No N="死亡人数 2" Z=false,
C=直接损失 2 T="DOUBLE" P=No M=No N="直接损失 2" Z=false,
C=序号 3 T="INTEGER" P=No M=No N="序号 3" Z=false,
C=发生时间年 3 T="INTEGER" P=No M=No N="发生时间年 3" Z=false,
C=发生时间月 3 T="INTEGER" P=No M=No N="发生时间月 3" Z=false,
C=发生时间日 3 T="INTEGER" P=No M=No N="发生时间日 3" Z=false,
C=发生时间时 3 T="INTEGER" P=No M=No N="发生时间时 3" Z=false,
C=发生时间分 3 T="INTEGER" P=No M=No N="发生时间分 3" Z=false,
C=发生时间秒 3 T="INTEGER" P=No M=No N="发生时间秒 3" Z=false,
C=规模 3 T="DOUBLE" P=No M=No N="规模 3" Z=false,
C=诱发因素 3 T="Text (100)" P=No M=No N="诱发因素 3" Z=false,
C=死亡人数 3 T="INTEGER" P=No M=No N="死亡人数 3" Z=false,
C=直接损失 3 T="REAL" P=No M=No N="直接损失 3" Z=false,
C=变形迹象名称 1 T="Text (50)" P=No M=No N="变形迹象名称 1" Z=false,
C=变形迹象部位 1 T="Text (50)" P=No M=No N="变形迹象部位 1" Z=false,
C=变形迹象特征 1 T="Text (200)" P=No M=No N="变形迹象特征 1" Z=false,

C=变形迹象初现时间年 1 T="INTEGER" P=No M=No N="变形迹象初现时间年 1" Z=false,
C=变形迹象初现时间月 1 T="INTEGER" P=No M=No N="变形迹象初现时间月 1" Z=false,
C=变形迹象初现时间日 1 T="INTEGER" P=No M=No N="变形迹象初现时间日 1" Z=false,
C=变形迹象名称 2 T="Text (50)" P=No M=No N="变形迹象名称 2" Z=false,
C=变形迹象部位 2 T="Text (50)" P=No M=No N="变形迹象部位 2" Z=false,
C=变形迹象特征 2 T="Text (200)" P=No M=No N="变形迹象特征 2" Z=false,
C=变形迹象初现时间年 2 T="INTEGER" P=No M=No N="变形迹象初现时间年 2" Z=false,
C=变形迹象初现时间月 2 T="INTEGER" P=No M=No N="变形迹象初现时间月 2" Z=false,
C=变形迹象初现时间日 2 T="INTEGER" P=No M=No N="变形迹象初现时间日 2" Z=false,
C=变形迹象名称 3 T="Text (50)" P=No M=No N="变形迹象名称 3" Z=false,
C=变形迹象部位 3 T="Text (50)" P=No M=No N="变形迹象部位 3" Z=false,
C=变形迹象特征 3 T="Text (200)" P=No M=No N="变形迹象特征 3" Z=false,
C=变形迹象初现时间年 3 T="INTEGER" P=No M=No N="变形迹象初现时间年 3" Z=false,
C=变形迹象初现时间月 3 T="INTEGER" P=No M=No N="变形迹象初现时间月 3" Z=false,
C=变形迹象初现时间日 3 T="INTEGER" P=No M=No N="变形迹象初现时间日 3" Z=false,
C=变形迹象名称 4 T="Text (50)" P=No M=No N="变形迹象名称 4" Z=false,
C=变形迹象部位 4 T="Text (50)" P=No M=No N="变形迹象部位 4" Z=false,
C=变形迹象特征 4 T="Text (200)" P=No M=No N="变形迹象特征 4" Z=false,
C=变形迹象初现时间年 4 T="INTEGER" P=No M=No N="变形迹象初现时间年 4" Z=false,
C=变形迹象初现时间月 4 T="INTEGER" P=No M=No N="变形迹象初现时间月 4" Z=false,
C=变形迹象初现时间日 4 T="INTEGER" P=No M=No N="变形迹象初现时间日 4" Z=false,
C=变形迹象名称 5 T="Text (50)" P=No M=No N="变形迹象名称 5" Z=false,
C=变形迹象部位 5 T="Text (50)" P=No M=No N="变形迹象部位 5" Z=false,
C=变形迹象特征 5 T="Text (200)" P=No M=No N="变形迹象特征 5" Z=false,
C=变形迹象初现时间年 5 T="INTEGER" P=No M=No N="变形迹象初现时间年 5" Z=false,
C=变形迹象初现时间月 5 T="INTEGER" P=No M=No N="变形迹象初现时间月 5" Z=false,
C=变形迹象初现时间日 5 T="INTEGER" P=No M=No N="变形迹象初现时间日 5" Z=false,
C=变形迹象名称 6 T="Text (50)" P=No M=No N="变形迹象名称 6" Z=false,
C=变形迹象部位 6 T="Text (50)" P=No M=No N="变形迹象部位 6" Z=false,
C=变形迹象特征 6 T="Text (200)" P=No M=No N="变形迹象特征 6" Z=false,
C=变形迹象初现时间年 6 T="INTEGER" P=No M=No N="变形迹象初现时间年 6" Z=false,
C=变形迹象初现时间月 6 T="INTEGER" P=No M=No N="变形迹象初现时间月 6" Z=false,
C=变形迹象初现时间日 6 T="INTEGER" P=No M=No N="变形迹象初现时间日 6" Z=false,
C=变形迹象名称 7 T="Text (50)" P=No M=No N="变形迹象名称 7" Z=false,
C=变形迹象部位 7 T="Text (50)" P=No M=No N="变形迹象部位 7" Z=false,
C=变形迹象特征 7 T="Text (200)" P=No M=No N="变形迹象特征 7" Z=false,
C=变形迹象初现时间年 7 T="INTEGER" P=No M=No N="变形迹象初现时间年 7" Z=false,
C=变形迹象初现时间月 7 T="INTEGER" P=No M=No N="变形迹象初现时间月 7" Z=false,
C=变形迹象初现时间日 7 T="INTEGER" P=No M=No N="变形迹象初现时间日 7" Z=false,
C=变形迹象名称 8 T="Text (50)" P=No M=No N="变形迹象名称 8" Z=false,

C=变形迹象部位8 T="Text (50)" P=No M=No N="变形迹象部位8" Z=false,
C=变形迹象特征8 T="Text (200)" P=No M=No N="变形迹象特征8" Z=false,
C=变形迹象初现时间年8 T="INTEGER" P=No M=No N="变形迹象初现时间年8" Z=false,
C=变形迹象初现时间月8 T="INTEGER" P=No M=No N="变形迹象初现时间月8" Z=false,
C=变形迹象初现时间日8 T="INTEGER" P=No M=No N="变形迹象初现时间日8" Z=false,
C=危岩体可能失稳因素 T="Text (50)" P=No M=No N="危岩体可能失稳因素" Z=false,
C=危岩体目前稳定程度 T="Text (50)" P=No M=No N="危岩体目前稳定程度" Z=false,
C=危岩体今后变化趋势 T="Text (50)" P=No M=No N="危岩体今后变化趋势" Z=false,
C=地下水埋深 T="INTEGER" P=No M=No N="地下水埋深" Z=false,
C=地下水露头 T="Text (60)" P=No M=No N="地下水露头" Z=false,
C=地下水补给类型 T="Text (64)" P=No M=No N="地下水补给类型" Z=false,
C=堆积体长度 T="REAL" P=No M=No N="堆积体长度" Z=false,
C=堆积体宽度 T="REAL" P=No M=No N="堆积体宽度" Z=false,
C=堆积体厚度 T="REAL" P=No M=No N="堆积体厚度" Z=false,
C=堆积体体积 T="DOUBLE" P=No M=No N="堆积体体积" Z=false,
C=堆积体坡度 T="REAL" P=No M=No N="堆积体坡度" Z=false,
C=堆积体坡向 T="REAL" P=No M=No N="堆积体坡向" Z=false,
C=堆积体坡面形态 T="Text (50)" P=No M=No N="堆积体坡面形态" Z=false,
C=堆积体稳定性 T="Text (50)" P=No M=No N="堆积体稳定性" Z=false,
C=堆积体可能失稳因素 T="Text (92)" P=No M=No N="堆积体可能失稳因素" Z=false,
C=堆积体目前稳定性 T="Text (50)" P=No M=No N="堆积体目前稳定性" Z=false,
C=堆积体今后变化趋势 T="Text (50)" P=No M=No N="堆积体今后变化趋势" Z=false,
C=死亡人口 T="INTEGER" P=No M=No N="死亡人口" Z=false,
C=毁坏房屋户 T="INTEGER" P=No M=No N="毁坏房屋户" Z=false,
C=毁坏房屋间 T="INTEGER" P=No M=No N="毁坏房屋间" Z=false,
C=毁路 T="REAL" P=No M=No N="毁路" Z=false,
C=毁渠 T="REAL" P=No M=No N="毁渠" Z=false,
C=其他危害 T="Text (50)" P=No M=No N="其他危害" Z=false,
C=直接损失 T="DOUBLE" P=No M=No N="直接损失" Z=false,
C=间接损失 T="DOUBLE" P=No M=No N="间接损失" Z=false,
C=灾情等级 T="Text (66)" P=No M=No N="灾情等级" Z=false,
C=危害对象 T="Text (255)" P=No M=No N="危害对象" Z=false,
C=诱发灾害类型 T="Text (20)" P=No M=No N="诱发灾害类型" Z=false,
C=诱发灾害波及范围 T="Text (100)" P=No M=No N="诱发灾害波及范围" Z=false,
C=诱发灾害损失 T="DOUBLE" P=No M=No N="诱发灾害损失" Z=false,
C=威胁人口 T="INTEGER" P=No M=No N="威胁人口" Z=false,
C=威胁财产 T="DOUBLE" P=No M=No N="威胁财产" Z=false,
C=险情等级 T="Text (20)" P=No M=No N="险情等级" Z=false,
C=威胁对象 T="Text (255)" P=No M=No N="威胁对象" Z=false,
C=监测建议 T="Text (50)" P=No M=No N="监测建议" Z=false,

```
    C=防治建议 T="Text (60)" P=No M=No N="防治建议" Z=false,
    C=防治监测 T="Text (60)" P=No M=No N="防治监测" Z=false,
    C=防治治理 T="Text (100)" P=No M=No N="防治治理" Z=false,
    C=群测群防 T="Text (100)" P=No M=No N="群测群防" Z=false,
    C=搬迁避让 T="Text (100)" P=No M=No N="搬迁避让" Z=false,
    C=隐患点 T="YesNo" P=No M=Yes N="隐患点" Z=false,
    C=遥感点 T="YesNo" P=No M=Yes N="遥感点" Z=false,
    C=勘查点 T="YesNo" P=No M=Yes N="勘查点" Z=false,
    C=测绘点 T="YesNo" P=No M=Yes N="测绘点" Z=false,
    C=防灾预案 T="YesNo" P=No M=Yes N="防灾预案" Z=false,
    C=多媒体 T="YesNo" P=No M=Yes N="多媒体" Z=false,
    C=群测人员 T="Text (130)" P=No M=No N="群测人员" Z=false,
    C=村长 T="Text (20)" P=No M=No N="村长" Z=false,
    C=电话 T="Text (16)" P=No M=No N="电话" Z=false,
    C=调查负责人 T="Text (20)" P=No M=No N="调查负责人" Z=false,
    C=填表人 T="Text (16)" P=No M=No N="填表人" Z=false,
    C=审核人 T="Text (16)" P=No M=No N="审核人" Z=false,
    C=调查单位 T="Text (50)" P=No M=No N="调查单位" Z=false,
    C=填表日期年 T="INTEGER" P=No M=No N="填表日期年" Z=false,
    C=填表日期月 T="INTEGER" P=No M=No N="填表日期月" Z=false,
    C=填表日期日 T="INTEGER" P=No M=No N="填表日期日" Z=false,
    C=平面示意图 T="YesNo" P=No M=Yes N="平面示意图" Z=false,
    C=剖面示意图 T="YesNo" P=No M=Yes N="剖面示意图" Z=false,
    C=栅格素描图 T="YesNo" P=No M=Yes N="栅格素描图" Z=false,
    C=矢量平面图 T="YesNo" P=No M=Yes N="矢量平面图" Z=false,
    C=矢量剖面图 T="YesNo" P=No M=Yes N="矢量剖面图" Z=false,
    C=矢量素描图 T="YesNo" P=No M=Yes N="矢量素描图" Z=false,
    C=野外记录信息 T="Memo" P=No M=No N="野外记录信息" Z=false,
    C=崩塌情况 T="Text (255)" P=No M=No N="崩塌情况" Z=false,
    C=录像 T="YesNo" P=No M=Yes N="录像" Z=false,
    C=威胁房屋户 T="INTEGER" P=No M=No N="威胁房屋户" Z=false
);
```

3.3 创建 Oracle 数据库物理模型和脚本

概念结构设计通过逆向工程完成后，需建立基于 Oracle 的物理结构。物理数据模型是在概念数据模型的基础上针对目标数据库管理系统的具体化。

由于 Access 只能在微软操作系统使用，创建 Oracle 数据库物理模型这一技术过程要在

Windows 环境下完成。因此数据库设计开发环境是：操作系统——Windows、源数据库 Access 支持——Office2003、数据库设计——Power Designer 15.2、目标数据库——Oracle10g、数据库开发——PL/SQL Developer8.03。这个环境主要是为了完成 Oracle 数据库中表和字段的设计，获得 Oracle 数据库物理模型运行脚本。本课题数据库设计的基本技术方法和步骤如下：

(1)通过对已知数据库的分析找到目标源数据库，这里是 Access 的峨边库；

(2)在数据库设计软件 Power Designer 中使用反向工程获取库文件的创建脚本；

(3)重构并建立新的概念模型；

(4)按项目要求输出为 Oracle 物理模型；

(5)导入试验数据，如果没有满足要求则修改概念模型；

(6)扩大范围重新导入数据，验证可用性，周而复始，直到一个合适的库表设计形成。

Power Designer 新建物理模型步骤：Data base→选 Change current dbms→选择 Oracle 的 DBMS→确定。从而得到 Oracle 数据库物理模型，如图 3-1 所示。

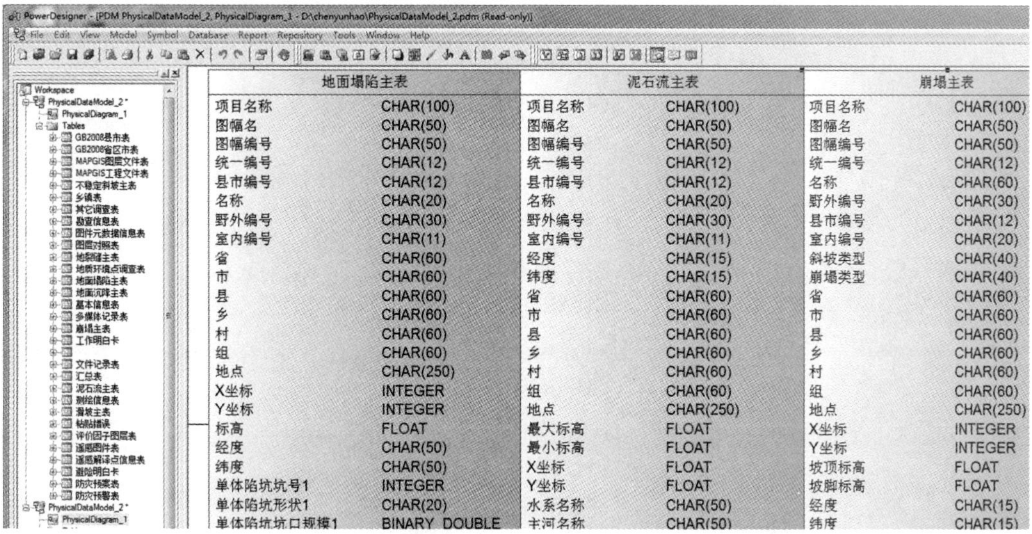

图 3-1　通过 Power Designer 软件新建 Oracle 物理模型

Windows 环境下建立 ODBC 数据源。建立步骤如下：控制面板→管理工具→ODBC 数据源→系统 DNS，添加→选择 Oracle11g(本地列表中)，输入添加的名字、TNS 连接串(可选择)，完成之后，在弹出框中输入 Oracle 的用户名和密码，测试链接成功。

选择需要导入的表，右键→导出→ODBC 数据源，修改表名为大写，选择机器数据源、数据名称，选择之前配置好的 ODBC 数据连接，点击确定，重新输入用户名和密码(Oracle 的用户名和密码)并确定。

Oracle 物理模型操作步骤：Database→Generate Database→Script Generation 得到数据库生成执行脚本。由于 Access 与 Oracle 的差异，从物理模型到执行脚本必会出现多次报错，反复运用 Check Model/ Preview，修改和完善模型。一般易出现的问题有，Access 以二进制形式在库内存放了多媒体文件，如图像、视频等。对于 Oracle，虽然也有二进制，但通常的做法是将多媒体文件放在库外，采用路径、目录、文件名方式管理。

获得的 Oracle 数据库生成执行脚本的方法是在 Oracle SQL plus 或 PL/SQL Developer8.0 中执行并建立数据库表，仅以崩塌主表为例，参见 3.4 节“崩塌主表 Oracle 执行脚本”。

3.4 崩塌主表 Oracle 执行脚本

```
create table 崩塌主表
(
    项目名称            CHAR(100),
    图幅名              CHAR(50),
    图幅编号            CHAR(50),
    统一编号            CHAR(12),
    名称                CHAR(60),
    野外编号            CHAR(30),
    县市编号            CHAR(12),
    室内编号            CHAR(20),
    斜坡类型            CHAR(40),
    崩塌类型            CHAR(40),
    省                  CHAR(60),
    市                  CHAR(60),
    县                  CHAR(60),
    乡                  CHAR(60),
    村                  CHAR(60),
    组                  CHAR(60),
    地点                CHAR(250),
    X坐标               INTEGER,
    Y坐标               INTEGER,
    坡顶标高            FLOAT,
    坡脚标高            FLOAT,
    经度                CHAR(15),
    纬度                CHAR(15),
    地层时代            CHAR(50),
    地层岩性            CHAR(50),
    地层倾向            INTEGER,
    地层倾角            INTEGER,
    构造部位            CHAR(50),
```

```
地震烈度              CHAR(12),
微地貌                CHAR(62),
地下水类型            CHAR(62),
年均降雨量            FLOAT,
日最大降雨            FLOAT,
时最大降雨            FLOAT,
洪水位                FLOAT,
枯水位                FLOAT,
相对河流位置          CHAR(62),
土地利用              CHAR(50),
分布高程              FLOAT,
坡高                  FLOAT,
坡宽                  FLOAT,
坡长                  FLOAT,
厚度                  FLOAT,
规模                  BINARY_DOUBLE,
规模等级              CHAR(50),
坡度                  FLOAT,
坡向                  FLOAT,
岩体结构类型          CHAR(66),
岩体厚度              FLOAT,
岩体裂隙组数          FLOAT,
岩体块度              CHAR(50),
斜坡结构类型          CHAR(42),
控制结构面类型 1      CHAR(50),
控制结构面倾向 1      INTEGER,
控制结构面倾角 1      INTEGER,
控制结构面长度 1      FLOAT,
控制结构面间距 1      FLOAT,
控制结构面类型 2      CHAR(50),
控制结构面倾向 2      INTEGER,
控制结构面倾角 2      INTEGER,
控制结构面长度 2      FLOAT,
控制结构面间距 2      FLOAT,
控制结构面类型 3      CHAR(50),
控制结构面倾向 3      INTEGER,
控制结构面倾角 3      INTEGER,
控制结构面长度 3      FLOAT,
控制结构面间距 3      FLOAT,
全风化带深度          FLOAT,
```

```
卸荷裂缝深度        FLOAT,
土体名称            CHAR(50),
土体密实度          CHAR(6),
土体稠度            CHAR(40),
下伏基岩岩性        CHAR(50),
下伏基岩时代        CHAR(50),
下伏基岩倾向        INTEGER,
下伏基岩倾角        INTEGER,
下伏基岩埋深        INTEGER,
形成时间年          INTEGER,
形成时间月          INTEGER,
形成时间日          INTEGER,
发生崩塌次数        INTEGER,
序号 1              INTEGER,
发生时间年 1        INTEGER,
发生时间月 1        INTEGER,
发生时间日 1        INTEGER,
发生时间时 1        INTEGER,
发生时间分 1        INTEGER,
发生时间秒 1        INTEGER,
规模 1              BINARY_DOUBLE,
诱发因素 1          CHAR(100),
死亡人数 1          INTEGER,
直接损失 1          BINARY_DOUBLE,
序号 2              INTEGER,
发生时间年 2        INTEGER,
发生时间月 2        INTEGER,
发生时间日 2        INTEGER,
发生时间时 2        INTEGER,
发生时间分 2        INTEGER,
发生时间秒 2        INTEGER,
规模 2              BINARY_DOUBLE,
诱发因素 2          CHAR(100),
死亡人数 2          INTEGER,
直接损失 2          BINARY_DOUBLE,
序号 3              INTEGER,
发生时间年 3        INTEGER,
发生时间月 3        INTEGER,
发生时间日 3        INTEGER,
发生时间时 3        INTEGER,
发生时间分 3        INTEGER,
```

```
发生时间秒 3                INTEGER,
规模 3                      BINARY_DOUBLE,
诱发因素 3                  CHAR(100),
死亡人数 3                  INTEGER,
直接损失 3                  FLOAT,
变形迹象名称 1              CHAR(50),
变形迹象部位 1              CHAR(50),
变形迹象特征 1              CHAR(200),
变形迹象初现时间年 1        INTEGER,
变形迹象初现时间月 1        INTEGER,
变形迹象初现时间日 1        INTEGER,
变形迹象名称 2              CHAR(50),
变形迹象部位 2              CHAR(50),
变形迹象特征 2              CHAR(200),
变形迹象初现时间年 2        INTEGER,
变形迹象初现时间月 2        INTEGER,
变形迹象初现时间日 2        INTEGER,
变形迹象名称 3              CHAR(50),
变形迹象部位 3              CHAR(50),
变形迹象特征 3              CHAR(200),
变形迹象初现时间年 3        INTEGER,
变形迹象初现时间月 3        INTEGER,
变形迹象初现时间日 3        INTEGER,
变形迹象名称 4              CHAR(50),
变形迹象部位 4              CHAR(50),
变形迹象特征 4              CHAR(200),
变形迹象初现时间年 4        INTEGER,
变形迹象初现时间月 4        INTEGER,
变形迹象初现时间日 4        INTEGER,
变形迹象名称 5              CHAR(50),
变形迹象部位 5              CHAR(50),
变形迹象特征 5              CHAR(200),
变形迹象初现时间年 5        INTEGER,
变形迹象初现时间月 5        INTEGER,
变形迹象初现时间日 5        INTEGER,
变形迹象名称 6              CHAR(50),
变形迹象部位 6              CHAR(50),
变形迹象特征 6              CHAR(200),
变形迹象初现时间年 6        INTEGER,
变形迹象初现时间月 6        INTEGER,
变形迹象初现时间日 6        INTEGER,
```

```
变形迹象名称7              CHAR(50),
变形迹象部位7              CHAR(50),
变形迹象特征7              CHAR(200),
变形迹象初现时间年7        INTEGER,
变形迹象初现时间月7        INTEGER,
变形迹象初现时间日7        INTEGER,
变形迹象名称8              CHAR(50),
变形迹象部位8              CHAR(50),
变形迹象特征8              CHAR(200),
变形迹象初现时间年8        INTEGER,
变形迹象初现时间月8        INTEGER,
变形迹象初现时间日8        INTEGER,
危岩体可能失稳因素         CHAR(50),
危岩体目前稳定程度         CHAR(50),
危岩体今后变化趋势         CHAR(50),
地下水埋深                 INTEGER,
地下水露头                 CHAR(60),
地下水补给类型             CHAR(64),
堆积体长度                 FLOAT,
堆积体宽度                 FLOAT,
堆积体厚度                 FLOAT,
堆积体体积                 BINARY_DOUBLE,
堆积体坡度                 FLOAT,
堆积体坡向                 FLOAT,
堆积体坡面形态             CHAR(50),
堆积体稳定性               CHAR(50),
堆积体可能失稳因素         CHAR(92),
堆积体目前稳定性           CHAR(50),
堆积体今后变化趋势         CHAR(50),
死亡人口                   INTEGER,
毁坏房屋户                 INTEGER,
毁坏房屋间                 INTEGER,
毁路                       FLOAT,
毁渠                       FLOAT,
其他危害                   CHAR(50),
直接损失                   BINARY_DOUBLE,
间接损失                   BINARY_DOUBLE,
灾情等级                   CHAR(66),
危害对象                   CHAR(255),
诱发灾害类型               CHAR(20),
诱发灾害波及范围           CHAR(100),
```

```
    诱发灾害损失        BINARY_DOUBLE,
    威胁人口            INTEGER,
    威胁财产            BINARY_DOUBLE,
    险情等级            CHAR(20),
    威胁对象            CHAR(255),
    监测建议            CHAR(50),
    防治建议            CHAR(60),
    防治监测            CHAR(60),
    防治治理            CHAR(100),
    群测群防            CHAR(100),
    搬迁避让            CHAR(100),
    隐患点              SMALLINT        not null,
    遥感点              SMALLINT        not null,
    勘查点              SMALLINT        not null,
    测绘点              SMALLINT        not null,
    防灾预案            SMALLINT        not null,
    多媒体              SMALLINT        not null,
    群测人员            CHAR(130),
    村长                CHAR(20),
    电话                CHAR(16),
    调查负责人          CHAR(20),
    填表人              CHAR(16),
    审核人              CHAR(16),
    调查单位            CHAR(50),
    填表日期年          INTEGER,
    填表日期月          INTEGER,
    填表日期日          INTEGER,
    平面示意图          SMALLINT        not null,
    剖面示意图          SMALLINT        not null,
    栅格素描图          SMALLINT        not null,
    矢量平面图          SMALLINT        not null,
    矢量剖面图          SMALLINT        not null,
    矢量素描图          SMALLINT        not null,
    野外记录信息        NCHAR(1),
    崩塌情况            CHAR(255),
    录像                SMALLINT        not null,
    威胁房屋户          INTEGER
);
```

3.5 在开发环境中创建 Oracle 数据库表

本课题搭建的开发环境是数据库服务器 LinuxCentos4.5/Oracle 10r2，应用服务器(Web 服务器)LinuxCentos6/Tomcat6.0，开发用台式机 Windows7/Oracle 客户端/Power Designer15 /PL/SQL Developer8.03/Office2003。

3.5.1 选择操作系统

操作系统是管理和控制计算机硬件与软件资源的计算机程序，任何其他软件都必须在操作系统的支持下才能运行。数据库设计阶段在 Windows 系统上进行，正是因为本课题的数据在 Access 中，运行在该操作系统平台上。操作系统从应用领域考虑，可分为桌面操作系统、服务器操作系统。在服务器方面，Linux、UNIX 和 Windows Server 占据了市场的大部分份额。

Linux 是一套免费使用和自由传播的类 Unix 操作系统，是一个基于 POSIX(Portable Operating System Interface of UNIX，可移植操作系统接口)和 UNIX 的多用户、多任务、支持多线程和多 CPU 的操作系统。用户可以通过网络或其他途径免费获得，并可以任意修改其源代码。这是其他的操作系统做不到的。正是由于这一点，来自全世界的无数程序员参与了 Linux 的修改、编写工作，程序员可以根据自己的兴趣和灵感对其进行改变，这让 Linux 吸收了无数程序员灵感的精华，并使该操作系统不断壮大。

选择哪个发行版的 Linux? Red Hat、SUSE、Debian 等发行版的 Linux 各具特色。Red Hat Linux 是目前世界上使用最多的 Linux 操作系统，是总部位于美国的开源解决方案供应商 Red Hat(红帽)公司推出的。Red Hat Linux 主要优势是提供可靠的开源软件。Centos (Community Enterprise Operating System)是 RHEL(Red Hat Enterprise Linux)源代码再编译的产物，由于出自同样的源代码，因此有些要求高度稳定性的服务器以 Centos 替代商业版的 Red Hat Enterprise Linux 使用。两者的不同在于，Centos 并不包含封闭源代码软件，而且在 RHEL 的基础上修正了不少已知的错误，相对于其他 Linux 发行版，其稳定性值得信赖。

我们从实用的角度出发，选择的是 Red Hat 系列的缺陷。考虑到 Oracle 与 Centos 的兼容性和稳定性，数据库服务器用 Centos4.5，而为了应用新的互联网技术，Web 服务器用 LinuxCentos6。环境搭建的细节内容这里从略。

3.5.2 数据库表命名

研发工作中经常出现因数据库表、数据库表字段格式不规则而影响开发进度的问题，在后续开发使用原来数据库表时，也会因为数据库表的可读性不够高，表字段规则不统一，造成数据查询、数据使用效率低的问题，所以有必要整理出一套合适的数据库表字段命名规范来解决这些问题。数据表命名规范：采用 26 个英文字母(区分大小写)和 0～9 的自然数加上下划线'_'组成，命名简洁明确，多个单词用下划线'_'分隔；全部小写命名，禁止出现大写；禁止使用数据库关键字，如 name，time，datetime，password 等；表名称不应取得太长(一般不超过 3 个英文单词)；表的名称一般使用名词或者动宾短语；用单数形式表示名称。

本课题原始表名称均使用汉字，分别是"斜坡主表""崩塌主表""滑坡主表""泥石流主表"。这在中文 Windows 操作系统下 Access 中使用是可以的，但是在 Oracle 数据库中，表名就是对象名，要在 Linux 操作系统中传递，使用汉字会产生隐性缺陷，汉字在程序中容易出现乱码，运行结果不可预料。

数据库表命名修改，"斜坡主表"=>"xp"+县(市)编码；崩塌主表=>"bt"+县(市)编码；滑坡主表=>"hp"+县(市)编码；泥石流主表=>"ns"+县(市)编码。这里县(市)编码即地区唯一标识号，加上地区唯一标识号构成的完整表名称在可读性和唯一性上都不会出现问题，如 xp510129 即表示"大邑县斜坡主表"，bt510129=>大邑县崩塌主表，ns510129=>大邑县泥石流主表，hp510129=>大邑县滑坡主表。

用上述命名方法和数据库生成脚本，在 Oracle 中创建 4 * 74=296 个表，分别对应 74 个县的 4 类地质灾害。

数据库表生成所采用的技术手段，可以简单总结为：①在 Power Designer 中生产出数据库生成脚本，然后在 Oracle 中运行脚本；②为方便人机交互反复修改脚本，使用开发工具 PL/SQL Developer；③在开发桌面安装调整 Oracle 客户端，运行 PL/SQL Developer，新建 SQL 窗口，调用数据库脚本。

3.5.3 在 Oracle 中创建对应的数据库表

课题所涉及的 74 个县(市)的实体数据存放在 74 个 mdb 文件中，每个 mdb 文件中包含 4 个地质灾害主表，为了将实体数据导入 Oracle，首先在 Oracle 中创建对应的数据库表。库表名称按新制定的表命名，在 Oracle 中创建 296 个表。以 511529_屏山县为例创建脚本如下(崩塌主表已在前面物理模型中给出，这里只列出斜坡主表、滑坡主表、泥石流主表)：

```
屏山县(511529)斜坡主表：
create table XP511529
(
    统一编号                VARCHAR2(40),
    名称                    VARCHAR2(220),
    野外编号                VARCHAR2(40),
    室内编号                VARCHAR2(40),
    斜坡类型                VARCHAR2(40),
    地理位置                VARCHAR2(125),
    X 坐标                  NUMBER,
    Y 坐标                  NUMBER,
```

```
坡顶标高            NUMBER,
坡脚标高            NUMBER,
经度                VARCHAR2(125),
纬度                VARCHAR2(125),
地层时代            VARCHAR2(125),
地层岩性            VARCHAR2(125),
地层倾向            NUMBER,
地层倾角            NUMBER,
构造部位            VARCHAR2(125),
地震烈度            VARCHAR2(40),
微地貌              VARCHAR2(125),
地下水类型          VARCHAR2(125),
年均降雨量          NUMBER,
日最大降雨          NUMBER,
时最大降雨          NUMBER,
洪水位              NUMBER,
枯水位              NUMBER,
相对河流位置        VARCHAR2(125),
土地利用            VARCHAR2(300),
最大坡高            NUMBER,
最大坡长            NUMBER,
最大坡宽            NUMBER,
平均坡度            NUMBER,
总体坡向            NUMBER,
坡面形态            VARCHAR2(40),
岩体结构类型        VARCHAR2(125),
岩体厚度            NUMBER,
岩体裂隙组数        NUMBER,
岩体块度            VARCHAR2(125),
斜坡结构类型        VARCHAR2(222),
控制面结构类型1     VARCHAR2(40),
控制面结构倾向1     NUMBER,
控制面结构倾角1     NUMBER,
控制面结构长度1     NUMBER,
控制面结构间距1     NUMBER,
控制面结构类型2     VARCHAR2(40),
控制面结构倾向2     NUMBER,
控制面结构倾角2     NUMBER,
控制面结构长度2     NUMBER,
控制面结构间距2     NUMBER,
```

```
控制面结构类型 3          VARCHAR2(40),
控制面结构倾向 3          NUMBER,
控制面结构倾角 3          NUMBER,
控制面结构长度 3          NUMBER,
控制面结构间距 3          NUMBER,
全风化带深度              NUMBER,
卸荷裂隙深度              NUMBER,
土体名称                  VARCHAR2(125),
土体密实度                VARCHAR2(40),
土体稠度                  VARCHAR2(40),
下伏基岩岩性              VARCHAR2(125),
下伏基岩时代              VARCHAR2(125),
下伏基岩倾向              NUMBER,
下伏基岩倾角              NUMBER,
下伏基岩埋深              NUMBER,
地下水埋深                NUMBER,
地下水露头                VARCHAR2(40),
地下水补给类型            VARCHAR2(40),
变形迹象名称 1            VARCHAR2(40),
变形迹象部位 1            VARCHAR2(125),
变形迹象特征 1            VARCHAR2(468),
变形迹象初现时间 1        VARCHAR2(125),
变形迹象名称 2            VARCHAR2(40),
变形迹象部位 2            VARCHAR2(125),
变形迹象特征 2            VARCHAR2(468),
变形迹象初现时间 2        VARCHAR2(125),
变形迹象名称 3            VARCHAR2(40),
变形迹象部位 3            VARCHAR2(125),
变形迹象特征 3            VARCHAR2(468),
变形迹象初现时间 3        VARCHAR2(125),
变形迹象名称 4            VARCHAR2(40),
变形迹象部位 4            VARCHAR2(125),
变形迹象特征 4            VARCHAR2(468),
变形迹象初现时间 4        VARCHAR2(125),
变形迹象名称 5            VARCHAR2(40),
变形迹象部位 5            VARCHAR2(125),
变形迹象特征 5            VARCHAR2(468),
变形迹象初现时间 5        VARCHAR2(125),
变形迹象名称 6            VARCHAR2(40),
变形迹象部位 6            VARCHAR2(125),
```

```
    变形迹象特征6          VARCHAR2(468),
    变形迹象初现时间6      VARCHAR2(125),
    变形迹象名称7          VARCHAR2(40),
    变形迹象部位7          VARCHAR2(125),
    变形迹象特征7          VARCHAR2(468),
    变形迹象初现时间7      VARCHAR2(125),
    变形迹象名称8          VARCHAR2(40),
    变形迹象部位8          VARCHAR2(125),
    变形迹象特征8          VARCHAR2(468),
    变形迹象初现时间8      VARCHAR2(125),
    可能失稳因素           VARCHAR2(125),
    目前稳定状态           VARCHAR2(40),
    今后变化趋势           VARCHAR2(40),
    毁坏房屋               NUMBER,
    毁路                   NUMBER,
    毁渠                   NUMBER,
    其他危害               VARCHAR2(125),
    直接损失               NUMBER,
    灾情等级               VARCHAR2(40),
    威胁人口               NUMBER,
    威胁财产               NUMBER,
    险情等级               VARCHAR2(40),
    监测建议               VARCHAR2(125),
    防治建议               VARCHAR2(222),
    群测人员               VARCHAR2(100),
    村长                   VARCHAR2(40),
    电话                   VARCHAR2(40),
    隐患点                 NUMBER,
    防灾预案               NUMBER,
    多媒体                 NUMBER,
    调查负责人             VARCHAR2(40),
    填表人                 VARCHAR2(40),
    审核人                 VARCHAR2(40),
    调查单位               VARCHAR2(125),
    填表日期               VARCHAR2(40),
    平面示意图             BLOB,
    剖面示意图             BLOB
);
```

屏山县(511529)滑坡主表脚本：

```
create table HP511529
(
    统一编号                VARCHAR2(40),
    名称                    VARCHAR2(300),
    野外编号                VARCHAR2(40),
    室内编号                VARCHAR2(40),
    滑坡年代                VARCHAR2(125),
    滑坡时间                VARCHAR2(40),
    滑坡类型                VARCHAR2(125),
    滑体性质                VARCHAR2(40),
    X坐标                   NUMBER,
    Y坐标                   NUMBER,
    冠                      NUMBER,
    趾                      NUMBER,
    经度                    VARCHAR2(125),
    纬度                    VARCHAR2(125),
    地理位置                VARCHAR2(468),
    地层时代                VARCHAR2(125),
    地层岩性                VARCHAR2(125),
    构造部位                VARCHAR2(125),
    地震烈度                VARCHAR2(40),
    地层倾向                NUMBER,
    地层倾角                NUMBER,
    微地貌                  VARCHAR2(125),
    地下水类型              VARCHAR2(222),
    年均降雨量              NUMBER,
    日最大降雨量            NUMBER,
    时最大降雨量            NUMBER,
    洪水位                  NUMBER,
    枯水位                  NUMBER,
    相对河流位置            VARCHAR2(125),
    原始坡高                NUMBER,
    原始坡度                NUMBER,
    原始坡形                VARCHAR2(40),
    斜坡结构类型            VARCHAR2(125),
    控滑结构面类型1         VARCHAR2(125),
    控滑结构面倾向1         NUMBER,
    控滑结构面倾角1         NUMBER,
    控滑结构面类型2         VARCHAR2(125),
```

```
控滑结构面倾向2          NUMBER,
控滑结构面倾角2          NUMBER,
控滑结构面类型3          VARCHAR2(125),
控滑结构面倾向3          NUMBER,
控滑结构面倾角3          NUMBER,
滑坡长度                NUMBER,
滑坡宽度                NUMBER,
滑坡厚度                NUMBER,
滑坡坡度                NUMBER,
滑坡坡向                NUMBER,
滑坡面积                NUMBER,
滑坡体积                NUMBER,
滑坡平面形态            VARCHAR2(125),
滑坡剖面形态            VARCHAR2(44),
规模等级                VARCHAR2(40),
滑体岩性                VARCHAR2(125),
滑体结构                VARCHAR2(125),
滑体碎石含量            NUMBER,
滑体块度                VARCHAR2(125),
滑床岩性                VARCHAR2(125),
滑床时代                VARCHAR2(125),
滑床倾向                NUMBER,
滑床倾角                NUMBER,
滑面形态                VARCHAR2(44),
滑面埋深                NUMBER,
滑面倾向                NUMBER,
滑面倾角                NUMBER,
滑带厚度                NUMBER,
滑带土名称              VARCHAR2(125),
滑带土性状              VARCHAR2(125),
地下水埋深              NUMBER,
地下水露头              VARCHAR2(125),
地下水补给类型          VARCHAR2(125),
土地使用                VARCHAR2(190),
变形迹象名称1           VARCHAR2(125),
变形迹象部位1           VARCHAR2(125),
变形迹象特征1           VARCHAR2(468),
变形迹象初现时间1       VARCHAR2(125),
变形迹象名称2           VARCHAR2(125),
变形迹象部位2           VARCHAR2(125),
```

```
变形迹象特征 2                 VARCHAR2(468),
变形迹象初现时间 2             VARCHAR2(125),
变形迹象名称 3                 VARCHAR2(125),
变形迹象部位 3                 VARCHAR2(125),
变形迹象特征 3                 VARCHAR2(468),
变形迹象初现时间 3             VARCHAR2(125),
变形迹象名称 4                 VARCHAR2(125),
变形迹象部位 4                 VARCHAR2(125),
变形迹象特征 4                 VARCHAR2(468),
变形迹象初现时间 4             VARCHAR2(125),
变形迹象名称 5                 VARCHAR2(125),
变形迹象部位 5                 VARCHAR2(125),
变形迹象特征 5                 VARCHAR2(468),
变形迹象初现时间 5             VARCHAR2(125),
变形迹象名称 6                 VARCHAR2(125),
变形迹象部位 6                 VARCHAR2(125),
变形迹象特征 6                 VARCHAR2(468),
变形迹象初现时间 6             VARCHAR2(125),
变形迹象名称 7                 VARCHAR2(125),
变形迹象部位 7                 VARCHAR2(125),
变形迹象特征 7                 VARCHAR2(468),
变形迹象初现时间 7             VARCHAR2(125),
变形迹象名称 8                 VARCHAR2(125),
变形迹象部位 8                 VARCHAR2(125),
变形迹象特征 8                 VARCHAR2(468),
变形迹象初现时间 8             VARCHAR2(125),
地质因素                       VARCHAR2(140),
地貌因素                       VARCHAR2(222),
物理因素                       VARCHAR2(190),
人为因素                       VARCHAR2(180),
主导因素                       VARCHAR2(125),
复活诱发因素                   VARCHAR2(192),
目前稳定状态                   VARCHAR2(40),
今后变化趋势                   VARCHAR2(40),
隐患点                         NUMBER,
毁坏房屋                       NUMBER,
死亡人口                       NUMBER,
直接损失                       NUMBER,
灾情等级                       VARCHAR2(40),
威胁住户                       NUMBER,
```

```
    威胁人口                 NUMBER,
    威胁财产                 NUMBER,
    险情等级                 VARCHAR2(40),
    防灾预案                 NUMBER,
    多媒体                   NUMBER,
    监测建议                 VARCHAR2(125),
    防治建议                 VARCHAR2(222),
    群测人员                 VARCHAR2(100),
    村长                     VARCHAR2(40),
    电话                     VARCHAR2(40),
    调查负责人               VARCHAR2(125),
    填表人                   VARCHAR2(125),
    审核人                   VARCHAR2(83),
    调查单位                 VARCHAR2(125),
    填表日期                 VARCHAR2(40),
    平面示意图               BLOB,
    剖面示意图               BLOB
);
```

屏山县(511529)泥石流主表脚本：

```
create table NS511529
(
    统一编号                 VARCHAR2(40),
    名称                     VARCHAR2(125),
    野外编号                 VARCHAR2(40),
    室内编号                 VARCHAR2(40),
    经度                     VARCHAR2(40),
    纬度                     VARCHAR2(40),
    地理位置                 VARCHAR2(125),
    最大标高                 NUMBER,
    最小标高                 NUMBER,
    X坐标                    NUMBER,
    Y坐标                    NUMBER,
    水系名称                 VARCHAR2(125),
    主河名称                 VARCHAR2(125),
    相对主河位置             VARCHAR2(125),
    沟口至主河道距           VARCHAR2(40),
    流动方向                 NUMBER,
    水动力类型               VARCHAR2(40),
    沟口巨石A                VARCHAR2(468),
```

```
沟口巨石B            VARCHAR2(468),
沟口巨石C            VARCHAR2(468),
泥砂补给途径          VARCHAR2(125),
补给区位置            VARCHAR2(125),
年最大降雨            NUMBER,
年平均降雨            NUMBER,
日最大降雨            NUMBER,
日平均降雨            NUMBER,
时最大降雨            NUMBER,
时平均降雨            NUMBER,
十分钟最大降雨        NUMBER,
十分钟平均降雨        NUMBER,
沟口扇形地完整性      NUMBER,
沟口扇形地变幅        NUMBER,
沟口扇形地发展趋势    VARCHAR2(125),
沟口扇形地扇长        NUMBER,
沟口扇形地扇宽        NUMBER,
沟口扇形地扩散角      NUMBER,
沟口扇形地挤压大河    VARCHAR2(125),
地质构造              VARCHAR2(125),
地震烈度              VARCHAR2(125),
滑坡活动程度          VARCHAR2(125),
滑坡规模              VARCHAR2(40),
人工弃体活动程度      VARCHAR2(125),
人工弃体规模          VARCHAR2(125),
自然堆积活动程度      VARCHAR2(125),
自然堆积规模          VARCHAR2(125),
森林                  NUMBER,
灌丛                  NUMBER,
草地                  NUMBER,
缓坡耕地              NUMBER,
荒地                  NUMBER,
陡坡耕地              NUMBER,
建筑用地              NUMBER,
其他用地              NUMBER,
防治措施现状          NUMBER,
防治措施类型          VARCHAR2(125),
监测措施              NUMBER,
监测措施类型          VARCHAR2(125),
威胁危害对象          VARCHAR2(300),
```

```
威胁人口                    NUMBER,
威胁财产                    NUMBER,
险情等级                    VARCHAR2(125),
灾害史发生时间 1             VARCHAR2(125),
灾害史死亡人口 1             NUMBER,
灾害史损失牲畜 1             NUMBER,
灾害史全毁房屋 1             NUMBER,
灾害史半毁房屋 1             NUMBER,
灾害史全毁农田 1             NUMBER,
灾害史半毁农田 1             NUMBER,
灾害史毁坏道路 1             NUMBER,
灾害史毁坏桥梁 1             NUMBER,
灾害史直接损失 1             NUMBER,
灾害史灾情等级 1             VARCHAR2(125),
灾害史发生时间 2             VARCHAR2(125),
灾害史死亡人口 2             NUMBER,
灾害史损失牲畜 2             NUMBER,
灾害史全毁房屋 2             NUMBER,
灾害史半毁房屋 2             NUMBER,
灾害史全毁农田 2             NUMBER,
灾害史半毁农田 2             NUMBER,
灾害史毁坏道路 2             NUMBER,
灾害史毁坏桥梁 2             NUMBER,
灾害史直接损失 2             NUMBER,
灾害史灾情等级 2             VARCHAR2(125),
灾害史发生时间 3             VARCHAR2(125),
灾害史死亡人口 3             NUMBER,
灾害史损失牲畜 3             NUMBER,
灾害史全毁房屋 3             NUMBER,
灾害史半毁房屋 3             NUMBER,
灾害史全毁农田 3             NUMBER,
灾害史半毁农田 3             NUMBER,
灾害史毁坏道路 3             NUMBER,
灾害史毁坏桥梁 3             NUMBER,
灾害史直接损失 3             NUMBER,
灾害史灾情等级 3             VARCHAR2(125),
灾害史发生时间 4             VARCHAR2(125),
灾害史死亡人口 4             NUMBER,
灾害史损失牲畜 4             NUMBER,
灾害史全毁房屋 4             NUMBER,
```

```
灾害史半毁房屋4              NUMBER,
灾害史全毁农田4              NUMBER,
灾害史半毁农田4              NUMBER,
灾害史毁坏道路4              NUMBER,
灾害史毁坏桥梁4              NUMBER,
灾害史直接损失4              NUMBER,
灾害史灾情等级4              VARCHAR2(125),
灾害史发生时间5              VARCHAR2(125),
灾害史死亡人口5              NUMBER,
灾害史损失牲畜5              NUMBER,
灾害史全毁房屋5              NUMBER,
灾害史半毁房屋5              NUMBER,
灾害史全毁农田5              NUMBER,
灾害史半毁农田5              NUMBER,
灾害史毁坏道路5              NUMBER,
灾害史毁坏桥梁5              NUMBER,
灾害史直接损失5              NUMBER,
灾害史灾情等级5              VARCHAR2(125),
泥石流冲出方量               VARCHAR2(125),
泥石流规模等级               VARCHAR2(125),
泥石流泥位                   VARCHAR2(125),
不良地质现象                 VARCHAR2(125),
补给段长度比                 VARCHAR2(468),
沟口扇形地                   VARCHAR2(125),
主沟纵坡                     VARCHAR2(468),
新构造影响                   VARCHAR2(468),
植被覆盖率                   VARCHAR2(468),
冲淤变幅                     VARCHAR2(468),
岩性因素                     VARCHAR2(468),
松散物储量                   VARCHAR2(468),
山坡坡度                     VARCHAR2(468),
沟槽横断面                   VARCHAR2(468),
松散物平均厚                 VARCHAR2(468),
流域面积                     VARCHAR2(468),
相对高差                     VARCHAR2(468),
堵塞程度                     VARCHAR2(468),
评分1                        NUMBER,
评分2                        NUMBER,
评分3                        NUMBER,
评分4                        NUMBER,
```

```
评分 5          NUMBER,
评分 6          NUMBER,
评分 7          NUMBER,
评分 8          NUMBER,
评分 9          NUMBER,
评分 10         NUMBER,
评分 11         NUMBER,
评分 12         NUMBER,
评分 13         NUMBER,
评分 14         NUMBER,
评分 15         NUMBER,
总分            VARCHAR2(125),
易发程度        VARCHAR2(40),
泥石流类型      VARCHAR2(40),
发展阶段        VARCHAR2(40),
监测建议        VARCHAR2(125),
防治建议        VARCHAR2(125),
隐患点          NUMBER,
防灾预案        NUMBER,
多媒体          NUMBER,
群测人员        VARCHAR2(100),
村长            VARCHAR2(40),
电话            VARCHAR2(40),
调查负责人      VARCHAR2(40),
填表人          VARCHAR2(40),
审核人          VARCHAR2(40),
调查单位        VARCHAR2(125),
填表日期        VARCHAR2(40),
xxcs1           VARCHAR2(468),
xxcs2           VARCHAR2(468),
xxcs3           VARCHAR2(468),
xxcs4           VARCHAR2(468),
xxcs5           VARCHAR2(468),
xxcs6           VARCHAR2(468),
xxcs7           VARCHAR2(468),
xxcs8           VARCHAR2(468),
xxcs9           VARCHAR2(468),
xxcs10          VARCHAR2(468),
xxcs11          VARCHAR2(468),
xxcs12          VARCHAR2(468),
```

```
    xxcs13                VARCHAR2(468),
    xxcs14                VARCHAR2(468),
    xxcs15                VARCHAR2(468),
    示意图                BLOB
);
```

§4 数据入库与数据整合

数据入库指的是将存放在 Access 软件 mdb 文件表中的实体数据导入 Oracle 对应的数据库表中。

数据入库，即在 Oracle 中创建表结构后，将调查数据对应导入。数据共 74 个县(市)，数据分别存放于 74 个 mdb 文件中，每个文件中包含 4 种地质灾害表，Oracle 中已有建立好的对应的 4 种地质灾害表。通过网络建立连接，采用合理技术，即可逐一导入数据。

4.1 数据导入方法

主要技术方法是使用 PL/SQL Developer 工具 ODBC 导入功能导入数据。步骤如下。

配置 ODBC 数据源(图 4-1)，控制面板→系统和安全→管理工具→ODBC 数据源。

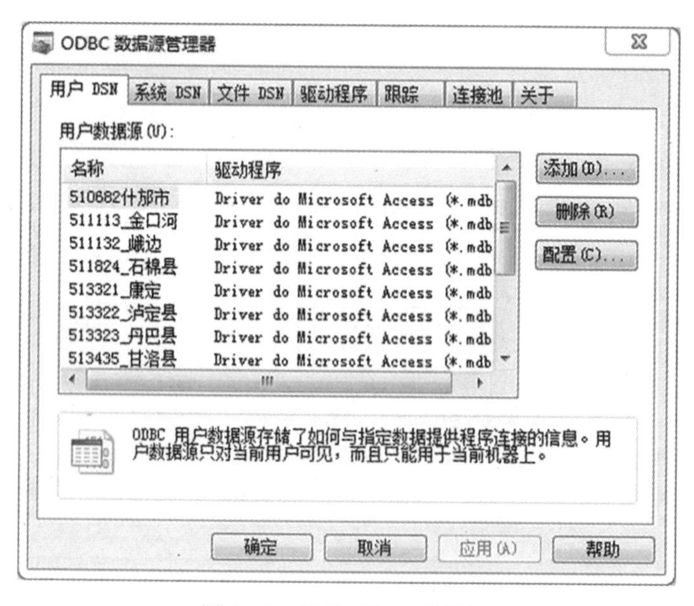

图 4-1 配置 ODBC 数据源

选择系统 DSN→添加→本机 Oracle 的驱动 Oracle in OraDB…→在 Data→Source Name 中填入数据源名称→在 TNS Service Name 中选择数据库名称并输入 User ID，点击

Test Connection 测试是否连接上，之后点击 OK 创建。

交互方式，逐表导入数据，遇“标识符无效”后，检查对应字段属性，修改 Oracle 数据库生成脚本，继续导入。

4.2 入库数据量统计

统计 Access 表中的地质灾害点数据量，共 74 个县(市)，每个县(市)的地灾数据如表 4-1 所示。总计斜坡 2934，崩塌 3505，滑坡 8768，泥石流 2634，4 类灾害总数 17 841。

表中数值为 0 的表示没有数据，即空表，空表总计 36 个。实际要进行数据导入的表为 74×4－36＝260 个。

数据导入后，对照校验一致性。有些不完整的数据会被剔除。最终形成的数据库地质灾害记录总数应该会小于 17 841 条。

表 4-1 74 县(市)数据来源统计表

	斜坡	崩塌	滑坡	泥石流	县(市)小计
510129_大邑县.mdb	23	95	124	8	250
510181_都江堰市.mdb	38	191	87	65	381
510182_彭州市.mdb	165	113	126	28	432
510184_崇州市.mdb	30	112	75	10	227
510603_旌阳区.mdb	0	6	12	0	18
510682_什邡市.mdb	15	47	55	6	123
510683_绵竹市.mdb	11	148	94	86	339
510721_江油市.mdb	24	64	152	5	245
510724_安县.mdb	14	92	165	80	351
510726_北川县.mdb	60	147	192	73	472
510727_平武.mdb	69	122	151	55	397
510802_利州区.mdb	102	62	198	0	362
510811_元坝区.mdb	0	17	127	0	144
510812_朝天区.mdb	18	65	80	0	163
510821_旺苍县.mdb	49	288	182	2	521
510822_青川县.mdb	588	251	375	25	1239
510823_剑阁县.mdb	114	61	144	1	320
510824_苍溪县.mdb	18	65	200	0	283

续表 4-1

	斜坡	崩塌	滑坡	泥石流	县(市)小计
511113_乐山市金口河区	30	29	35	39	133
511129_沐川县.mdb	20	31	300	5	356
511132_峨边.mdb	75	52	59	26	212
511423_洪雅县.mdb	22	3	59	0	84
511424_丹棱县.mdb	1	9	56	0	66
511502_翠屏区.mdb	0	8	61	0	69
511521_宜宾县.mdb	0	16	45	0	61
511525_高县.mdb	2	11	104	1	118
511526_珙县.mdb	11	14	45	2	72
511527_筠连县.mdb	29	44	65	0	138
511529_屏山县.mdb	0	8	125	10	143
511702_通川区.mdb	11	9	35	0	55
511721_达县.mdb	10	12	403	0	425
511722_宣汉县.mdb	3	12	255	0	270
511781_万源市.mdb	3	15	166	6	190
511802_雨城区.mdb	7	16	140	2	165
511823_汉源县.mdb	2	24	210	18	254
511824_石棉县.mdb	41	16	39	184	298
511825_天全县.mdb	26	12	66	7	111
511826_芦山县.mdb	40	55	91	2	188
511827_宝兴县.mdb	37	44	84	22	187
511902_巴州区.mdb	56	11	303	0	370
511921_通江县.mdb	28	0	121	8	157
511922_南江县.mdb	0	114	376	2	492
511923_平昌县.mdb	0	4	252	0	256
513122_名山县.mdb	12	0	68	0	80
513123_荥经县.mdb	18	6	47	3	74
513221_汶川县.mdb	132	287	135	143	697
513222_理县.mdb	19	111	109	58	297
513223_茂县.mdb	106	89	189	49	433
513224_松潘县.mdb	79	5	12	52	148

续表 4-1

	斜坡	崩塌	滑坡	泥石流	县(市)小计
513225_九寨沟县.mdb	30	58	13	74	175
513226_金川县.mdb	5	21	51	106	183
513227_小金县.mdb	47	56	136	138	377
513228_黑水县.mdb	20	45	29	70	164
513321_康定.mdb	115	114	112	154	495
513322_泸定县.mdb	47	24	37	127	235
513323_丹巴县.mdb	74	0	90	112	276
513324_九龙县.mdb	0	8	77	41	126
513430_金阳县.mdb	1	7	57	44	109
513431_昭觉县.mdb	20	3	59	23	105
513432_喜德县.mdb	38	0	93	79	210
513433_冕宁县.mdb	4	0	62	90	156
513434_越西县.mdb	0	1	21	3	25
513435_甘洛县.mdb	20	10	70	28	128
513436_美姑县.mdb	7	0	62	72	141
513437_雷波县.mdb	23	22	69	39	153
530624_云南大关.mdb	28	56	93	38	215
530626_云南绥江.mdb	17	24	99	2	142
532126_云南永善.mdb	48	0	242	20	310
532124_云南盐津.mdb	127	0	158	15	300
510183_邛崃.mdb	31	0	39	0	70
610726_陕西省宁强县.mdb	0	15	211	11	237
622626_甘肃省文县.mdb	34	0	120	236	390
530630_水富县.mdb	38	16	83	24	161
511133_马边县.mdb	2	12	91	5	110
总计	2934	3505	8768	2634	—

4.3 数据整合

数据整合是共享或者合并来自于两个或者更多应用的数据，创建一个具有更多功能的应用的过程。数据整合相当于某种数据集成方式，包括数据收集、整理、清洗，转换，最终加载到一个新的数据源，提供统一数据视图。

数据整合的工作任务包括将分散数据库集中整合到一个数据库。数据整合的主要难点是处理调查数据的不一致。由于调查时期和调查人员不同，更具体的是调查软件和设备不同，造成了数据的不一致性。解决方案主要是通过各种不同数据源之间的数据转换、一致化等实现。从本项目的需求和实际应用出发，对现有的数据资源进行综合分析，建立数据整合处理方法和流程。

4.3.1 中文字段名对应修改

不同数据来源对同类数据的描述名不完全一致，对应修改相关字段名称如下：

- XP 表

毁坏房屋户＝＝》毁坏房屋

毁坏道路＝＝》毁路

毁坏渠道＝＝》毁渠

直接经济损失＝＝》直接损失

- HP 表

死亡人数＝＝》死亡人口

直接经济损失＝＝》直接损失

毁房＝＝》毁坏房屋

威胁户数＝＝》威胁住户

- NS 表

扇形地完整性＝＝》沟口扇形地完整性

扇面冲淤变幅＝＝》沟口扇形地变幅

扇形地发展趋势＝＝》沟口扇形地发展趋势

扇长＝＝》沟口扇形地扇长

扇宽＝＝》沟口扇形地扇宽

扩散角＝＝》沟口扇形地扩散角

挤压大河＝＝》沟口扇形地挤压大河

滑坡活动＝＝》滑坡活动程度

人工弃体＝＝》人工弃体活动程度

弃体规模＝＝》人工弃体规模

自然堆积==》自然堆积活动程度
堆积规模==》自然堆积规模
防治类型==》防治措施类型
监测类型==》监测措施类型

4.3.2 合并分散的调查表

一部分调查数据将某一类灾害数据分布在多个表中，如图 4-2 所示，崩塌数据分布在崩塌调查表 0 至崩塌调查表 3 中，滑坡、泥石流和斜坡也类似。这类数据表需要在原库中创建相关主表，并将分散数据合并进去，以便于下一步数据导入。

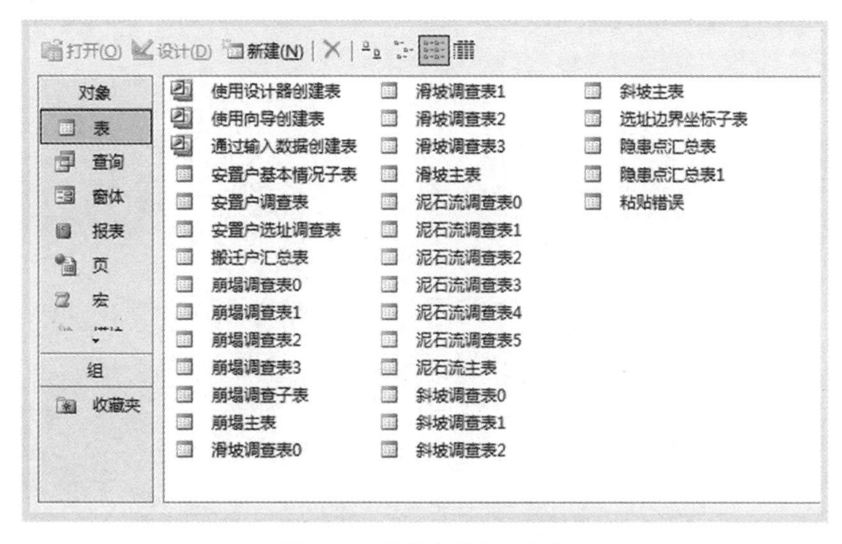

图 4-2 合并分散的调查表

4.3.3 统一编号字段一致化

统一编号字段内容前 6 位使用行政区统一代码，对没有使用这一规则的表进行修改，如图 4-3 和图 4-4 所示。

4.3.4 合并地理位置信息

对分布在多个字段中的地理位置信息进行合并，把“省”“市”“县”等分开的字段统一合并到“地理位置”字段中，如图 4-5 所示。

统一编号	名称
MBN20007	大水甫崩塌
MBN20012	狮子头崩塌
MBN20055	石榴湾危岩(崩塌
MBN20056	岩湾头(崩塌)
MBN20063	河坝(崩塌)
MBN20067	狮子头谭家背后崩
MBN20076	下龙 崩塌(危岩)
MBN20079	石丈空崩塌
MBN20088	猴子岩(崩塌)
MBN20089	农家坡崩塌
MBN20108	红岩子崩塌
mbn21036	三尖角危岩

统一编号	名称
51113320007	大水甫崩塌
51113320012	狮子头崩塌
51113320055	石榴湾危岩(崩塌)
51113320056	岩湾头(崩塌)
51113320063	河坝(崩塌)
51113320067	狮子头谭家背后崩
51113320076	下龙 崩塌(危岩)
51113320079	石丈空崩塌
51113320088	猴子岩(崩塌)
51113320089	农家坡崩塌
51113320108	红岩子崩塌
51113321036	三尖角危岩

图 4-3 统一编号添加行政区统一代码

统一编号
ZF0511132001002
ZF0511132001101
ZF0511132002169
ZF0511132002170
ZF0511132002172
ZF0511132002278
ZF0511132002279
ZF0511132002281
ZF0511132002282
ZF0511132003198
ZF0511132003199
ZF0511132003309
ZF0511132004103
ZF0511132004106
ZF0511132005109
ZF0511132005208

统一编号
511132001002
511132001101
511132002169
511132002170
511132002172
511132002278
511132002279
511132002281
511132002282
511132003198
511132003199
511132003309
511132004103
511132004106

图 4-4 统一编号删除多余字符

省	市	县	乡	村	组
四川省	乐山市	乐山市金口河区	共安彝族自治乡	象鼻	1
四川省	乐山市	乐山市金口河区	共安彝族自治乡	林丰	
四川省	乐山市	乐山市金口河区	共安彝族自治乡	林丰	6
四川省	乐山市	乐山市金口河区	共安彝族自治乡	大阪	
四川省	乐山市	乐山市金口河区	共安彝族自治乡	象鼻	9
四川省	乐山市	乐山市金口河区	共安彝族自治乡	小河	4
四川省	乐山市	乐山市金口河区	共安彝族自治乡	象鼻	5
四川省	乐山市	乐山市金口河区	吉星乡	柏香	
四川省	乐山市	乐山市金口河区	吉星乡	民政	
四川省	乐山市	乐山市金口河区	金河镇	五星	

搜索

(导出用)

地理位置
四川省乐山市乐山市金口河区共安彝族自治乡象鼻1组
四川省乐山市乐山市金口河区共安彝族自治乡林丰
四川省乐山市乐山市金口河区共安彝族自治乡林丰6组
四川省乐山市乐山市金口河区共安彝族自治乡大阪
四川省乐山市乐山市金口河区共安彝族自治乡象鼻9组
四川省乐山市乐山市金口河区共安彝族自治乡小河4组
四川省乐山市乐山市金口河区共安彝族自治乡象鼻5组
四川省乐山市乐山市金口河区吉星乡柏香
四川省乐山市乐山市金口河区吉星乡民政
四川省乐山市乐山市金口河区金河镇五星

图 4-5 合并地理位置信息

4.3.5 合并经纬度数据

对经纬度数据按“度”“分”“秒”多个字段记录的数据，统一合并到“经度”“纬度”字段中，如图 4-6 所示。

泥石流调查表0

经度度	经度分	经度秒	纬度度	纬度分	纬度秒
103	25	35	28	40	33
103	24	24	28	43	46
103	24	18	28	43	43
103	24	42	28	42	46
103	25	1	28	47	27

泥石流主表

经度	纬度
103-25-35	28-40-33
103-24-24	28-43-46
103-24-18	28-43-43
103-24-42	28-42-46
103-25-1	28-47-27

图 4-6 经纬度数据合并

4.3.6 十进制经纬度数据转换

对经纬度数据按十进制记录的数据，统一转换成 60 进制，度分秒用“-”隔开。Excle 转换公式=TEXT(INT(A1),"0")&"-"&TEXT(INT((A1-INT(A1))* 60),"00")&"-"&TEXT(((A1-INT(A1))* 60-INT((A1-INT(A1))* 60))* 60,"00")，如图 4-7 所示。

经度	纬度
102.4196	29.26484
102.3924	29.16721
102.3417	29.12889
102.2172	29.23917
102.2331	29.40922
102.5564	29.3344
102.472	29.258
102.1053	29.3936
102.1301	29.4002
102.4238	29.2551
102.3513	29.2213
102.2449	29.26731
102.2716	29.3095
102.2846	29.295
102.2358	29.42858
102.12	29.41111

经度	纬度
102-25-11	29-15-53
102-23-33	29-10-02
102-20-30	29-07-44
102-13-02	29-14-21
102-13-59	29-24-33
102-33-23	29-20-04
102-28-19	29-15-29
102-06-19	29-23-37
102-07-48	29-24-01
102-25-26	29-15-18
102-21-05	29-13-17
102-14-42	29-16-02
102 10-18	29-18-34
102-17-05	29-17-42
102-14-09	29-25-43

图 4-7 十进制经纬度数据转换

4.3.7 统一经纬度数据表达格式

对经纬度数据表达格式没有按统一写法用“-”隔开的数据表，转换成用“-”隔开的正确方式。方法是用 mid 函数取值后再替换，如图 4-8 所示。

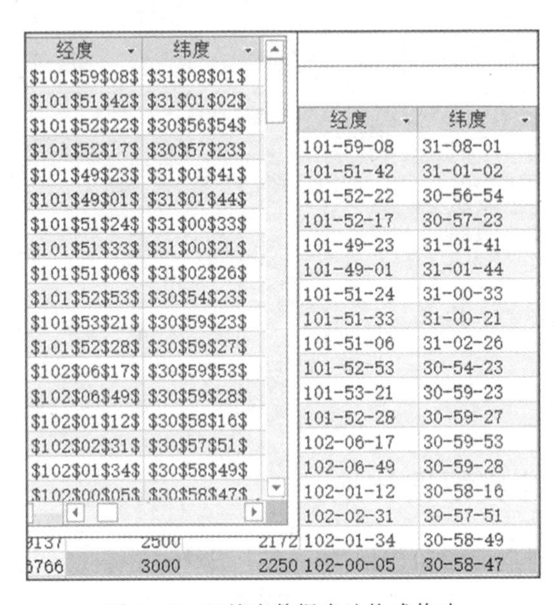

经度	纬度
$101$59$08$	$31$08$01$
$101$51$42$	$31$01$02$
$101$52$22$	$30$56$54$
$101$52$17$	$30$57$23$
$101$49$23$	$31$01$41$
$101$49$01$	$31$01$44$
$101$51$24$	$31$00$33$
$101$51$33$	$31$00$21$
$101$51$06$	$31$02$26$
$101$52$53$	$30$54$23$
$101$53$21$	$30$59$23$
$101$52$28$	$30$59$27$
$102$06$17$	$30$59$53$
$102$06$49$	$30$59$28$
$102$01$12$	$30$58$16$
$102$02$31$	$30$57$51$
$102$01$34$	$30$58$49$
$102$00$05$	$30$58$47$

经度	纬度
101-59-08	31-08-01
101-51-42	31-01-02
101-52-22	30-56-54
101-52-17	30-57-23
101-49-23	31-01-41
101-49-01	31-01-44
101-51-24	31-00-33
101-51-33	31-00-21
101-51-06	31-02-26
101-52-53	30-54-23
101-53-21	30-59-23
101-52-28	30-59-27
102-06-17	30-59-53
102-06-49	30-59-28
102-01-12	30-58-16
102-02-31	30-57-51
102-01-34	30-58-49
102-00-05	30-58-47

图 4-8 经纬度数据表达格式修改

4.4 数据库入库后的调整与管理

4.4.1 修改中文字段名

基于 Oracle 的网络数据库系统，服务器操作系统是 Linux，在 Oracle 中不能使用中文字符作库表名和字段名。表名和字段名作为对象和变量，汉字在程序中容易出现乱码，运行结果不可预料，在 Java 中，也是不支持中文变量名的，它会直接导致操作不成功。在程序应用中被调用和传递的，通常用英文字符。为了系统的稳定运行，本课题也不得不将原来库中的中文字段名进行修改。

考虑到几个主表的字段数量很多，按命名规范给每个字段命名实际意义并不大，而且科学工作者使用这些数据的时候，应该恢复这个字段原来的中文表达。所以这里修改数据库字段名实际上是为了程序中使用。实际的修改方案是“f”字母＋序号构成新的数据库字段名。

以 510129 大邑县为例，斜坡主表修改中文字段名脚本如下：

```
/*==1. xp510129*/
alter table xp510129 rename column 统一编号 to f004;
alter table xp510129 rename column 名称 to f005;
alter table xp510129 rename column 野外编号 to f006;
alter table xp510129 rename column 室内编号 to f007;
alter table xp510129 rename column 斜坡类型 to f009;
alter table xp510129 rename column 地理位置 to f011;
alter table xp510129 rename column X坐标 to f018;
alter table xp510129 rename column Y坐标 to f019;
alter table xp510129 rename column 坡顶标高 to f020;
alter table xp510129 rename column 坡脚标高 to f021;
alter table xp510129 rename column 经度 to f022;
altertable xp510129 rename column 纬度 to f023;
alter table xp510129 rename column 地层时代 to f024;
alter table xp510129 rename column 地层岩性 to f025;
alter table xp510129 rename column 地层倾向 to f026;
alter table xp510129 rename column 地层倾角 to f027;
alter table xp510129 rename column 构造部位 to f028;
alter table xp510129 rename column 地震烈度 to f029;
alter table xp510129 rename column 微地貌 to f030;
alter table xp510129 rename column 地下水类型 to f031;
alter table xp510129 rename column 年均降雨量 to f032;
alter table xp510129 renamecolumn 日最大降雨 to f033;
alter table xp510129 rename column 时最大降雨 to f034;
alter table xp510129 rename column 洪水位 to f035;
alter table xp510129 rename column 枯水位 to f036;
alter table xp510129 rename column 相对河流位置 to f037;
alter table xp510129 rename column 土地利用 to f038;
alter table xp510129 rename column 最大坡高 to f039;
alter table xp510129 rename column 最大坡长 to f040;
alter table xp510129 rename column 最大坡宽 to f041;
alter table xp510129 rename column 平均坡度 to f043;
alter table xp510129 rename column 总体坡向 to f044;
alter table xp510129 rename column 坡面形态 to f047;
alter table xp510129 rename column 岩体结构类型 to f048;
alter table xp510129 rename column 岩体厚度 to f049;
alter table xp510129 rename column 岩体裂隙组数 to f050;
alter table xp510129 rename column 岩体块度 to f051;
altertable xp510129 rename column 斜坡结构类型 to f052;
alter table xp510129 rename column 控制面结构类型1 to f053;
```

```
alter table xp510129 rename column 控制面结构倾向 1 to f054;
alter table xp510129 rename column 控制面结构倾角 1 to f055;
alter table xp510129 rename column 控制面结构长度 1 to f056;
alter table xp510129 rename column 控制面结构间距 1 to f057;
alter table xp510129 rename column 控制面结构类型 2 to f058;
alter table xp510129 rename column 控制面结构倾向 2 to f059;
alter table xp510129 rename column 控制面结构倾角 2 to f060;
alter table xp510129 rename column 控制面结构长度 2 to f061;
alter table xp510129 rename column 控制面结构间距 2 to f062;
alter table xp510129 rename column 控制面结构类型 3 to f063;
alter table xp510129 rename column 控制面结构倾向 3 to f064;
alter table xp510129 rename column 控制面结构倾角 3 to f065;
alter table xp510129 rename column 控制面结构长度 3 to f066;
alter table xp510129 rename column 控制面结构间距 3 to f067;
alter table xp510129 rename column 全风化带深度 to f068;
alter table xp510129 rename column 卸荷裂隙深度 to f069;
alter table xp510129 rename column 土体名称 to f070;
alter table xp510129 rename column 土体密实度 to f071;
alter table xp510129 rename column 土体稠度 to f072;
alter table xp510129 rename column 下伏基岩岩性 to f073;
alter table xp510129 rename column 下伏基岩时代 to f074;
alter table xp510129 rename column 下伏基岩倾向 to f075;
alter table xp510129 rename column 下伏基岩倾角 to f076;
alter table xp510129 rename column 下伏基岩埋深 to f077;
alter table xp510129 rename column 地下水埋深 to f078;
alter table xp510129 rename column 地下水露头 to f079;
alter table xp510129 rename column 地下水补给类型 to f080;
alter table xp510129 rename column 变形迹象名称 1 to f081;
alter table xp510129 rename column 变形迹象部位 1 to f082;
alter table xp510129 rename column 变形迹象特征 1 to f083;
alter table xp510129 rename column 变形迹象初现时间 1 to f084;
alter table xp510129 rename column 变形迹象名称 2 to f087;
alter table xp510129 rename column 变形迹象部位 2 to f088;
alter table xp510129 rename column 变形迹象特征 2 to f089;
alter table xp510129 rename column 变形迹象初现时间 2 to f090;
alter table xp510129 rename column 变形迹象名称 3 to f093;
alter table xp510129 rename column 变形迹象部位 3 to f094;
alter table xp510129rename column 变形迹象特征 3 to f095;
alter table xp510129 rename column 变形迹象初现时间 3 to f096;
alter table xp510129 rename column 变形迹象名称 4 to f099;
```

```
alter table xp510129 rename column 变形迹象部位 4 to f100;
alter table xp510129 rename column 变形迹象特征 4 to f101;
alter table xp510129 rename column 变形迹象初现时间 4 to f102;
alter table xp510129 rename column 变形迹象名称 5 to f105;
alter table xp510129 rename column 变形迹象部位 5 to f106;
alter table xp510129 rename column 变形迹象特征 5 to f107;
alter table xp510129 rename column 变形迹象初现时间 5 to f108;
alter table xp510129 rename column 变形迹象名称 6 to f111;
alter table xp510129 rename column 变形迹象部位 6 to f112;
alter table xp510129 rename column 变形迹象特征 6 to f113;
alter table xp510129 rename column 变形迹象初现时间 6 to f114;
alter table xp510129 rename column 变形迹象名称 7 to f117;
alter table xp510129 rename column 变形迹象部位 7 to f118;
alter table xp510129 rename column 变形迹象特征 7 to f119;
alter table xp510129 rename column 变形迹象初现时间 7 to f120;
alter table xp510129 rename column 变形迹象名称 8 to f123;
alter table xp510129 rename column 变形迹象部位 8 to f124;
alter table xp510129 rename column 变形迹象特征 8 to f125;
alter table xp510129 rename column 变形迹象初现时间 8 to f126;
alter table xp510129 rename column 可能失稳因素 to f129;
alter table xp510129 rename column 目前稳定状态 to f130;
alter table xp510129 rename column 今后变化趋势 to f131;
alter table xp510129 rename column 毁坏房屋 to f133;
alter table xp510129 rename column 毁路 to f134;
alter table xp510129 rename column 毁渠 to f135;
alter table xp510129 rename column 其他危害 to f136;
alter table xp510129 rename column 直接损失 to f137;
altertable xp510129 rename column 灾情等级 to f138;
alter table xp510129 rename column 威胁人口 to f139;
alter table xp510129 rename column 威胁财产 to f140;
alter table xp510129 rename column 险情等级 to f141;
alter table xp510129 rename column 监测建议 to f143;
alter tablexp510129 rename column 防治建议 to f144;
alter table xp510129 rename column 群测人员 to f149;
alter table xp510129 rename column 村长 to f153;
alter table xp510129 rename column 电话 to f154;
alter table xp510129 rename column 隐患点 to f155;
alter table xp510129 renamecolumn 防灾预案 to f156;
alter table xp510129 rename column 多媒体 to f157;
alter table xp510129 rename column 调查负责人 to f158;
```

```
alter table xp510129 rename column 填表人 to f159;
alter table xp510129 rename column 审核人 to f160;
alter table xp510129 rename column 调查单位 to f161;
alter table xp510129 rename column 填表日期 to f162;
```

基于修改脚本，更换县(市)编号，就可以生成 74 个县(市)的所有修改脚本。将脚本在 Oracle SQL plus 中运行生成修改后的新表。

脚本中编号不连续是因为峨边结构与什邡结构合并时，有些序号预留给了其他被优化了的字段。

4.4.2 合并数据表

数据分散在 260 个表中，后期系统做服务应用时，将 74 个县(市)的数据合并在一起有利于系统调用和管理。

在 Oracle 系统中创建 4 个灾害总表，以崩塌数据为例，创建表 bt_all，可直接从 bt510129 表中获取表结构：reate table bt_all as select * from bt510129 where 1=0。

在保留 74 个县(市)崩塌表的基础上，将每个县(市)的崩塌数据导入给表 bt_all，前 5 行样本语句如下：

```
insert into bt_all select * from bt510129;
insert into bt_all select * from bt510181;
insert into bt_all select * from bt510182;
insert into bt_all select * from bt510184;
insert into bt_all select * from bt510603;
……
```

hp_all 表、ns_all 表、xp_all 表的创建和数据导入方法相同。

4.4.3 数据排重

原始数据存放于 74 个数据库的约 260 个表中，最终整合到 1 个库 4 个表中，经过软件导出导入和误操作等原因产生了重复记录。有重复记录很容易发现，因为数据库中记录数变多了，这就需要数据排重。以滑坡数据查重排重为例，方法如下：

(1)查找表中多余的重复记录，重复记录是根据单个字段(统一编号\f007)来判断。

```
select * from hp_all where f007 in (select f007 from hp_all group by f007 having count (f007) >1);
```

(2)删除表中多余的重复记录，重复记录是根据单个字段(f007)来判断，只留有 rowid 最小的记录。

```
delete from hp_all where f007 in (select f007 from hp_all group by f007 having count (f007) >1) and rowid not in (select min(rowid) from hp_all group by f007 having count
```

(f007) >1);

斜坡、崩塌、泥石流数据查重排重同样按统一编号字段来判断和删除,脚本语句类似。

4.5 Access数据库中二进制数据的导出

4.5.1 需求概述

各个县(市)的数据都存放于Access数据库中,介于每个库中的滑坡主表、崩塌主表、泥石流主表和斜坡主表中都存在长二进制数据且无法直接在Access中浏览并储存。需要找到一个方法可以导出Access中的长二进制数据(图片)到硬盘,需要针对数据库的表结构设计一个程序将数据库中的长二进制数据导出并储存,方便以后的开发使用。

4.5.2 问题与解决方案设计

1)主要问题描述与解决方案

程序需要读取每个库中滑坡主表、崩塌主表、泥石流主表和斜坡主表中的长二进制数据。这4个表存在2种不同的表结构,其一是表中的每条数据有2个属性用于储存图片,分别是“平面示意图”和“剖面示意图”;另一种表结构是每条数据只有1个用于储存图片的属性:“示意图”。由此引出两个问题:

(1)对于有两张图片的数据,需要设计文件名来区分平面示意图和剖面示意图。解决方案为,对于有两张图片的数据,用唯一标识“统一编号”加上“A”作为平面示意图的文件名储存,“统一编号”加上“B”作为剖面示意图的文件名储存。

(2)面对多个县(市)不同调查单位的数据,不是每个数据库都具备相同的库表结构。程序需要区分不同的表结构用于不同的SQL语句,解决方案为,对于第一种表结构用try语句块包装,如果抛出异常,说明表结构出错,在catch语句块中尝试第二种表结构的查询。

2)程序设计方案

(1)遍历指定路径下的所有Access.mdb数据库文件。

(2)对于每个库中的滑坡主表、崩塌主表、泥石流主表和斜坡主表进行查找,得到各个表每条记录的统一编号和长二进制数据。

(3)在当前路径下创建和库名名字一样的文件夹,并建立4个表的子文件夹,用于各个表的图片存放。

(4)读入查询得到的二进制数据流并写出到文件,针对不同的表结构给出唯一文件名进行储存。

4.5.3 解决方案实现

遍历指定路径下的所有mdb文件,对于每个mdb调用ConnectAccessFile(filename),

程序代码如下：

```
final static String basePath="E://data//";
    public static void main(String args[]) throws Exception {
        AccessBinary ca=new AccessBinary();
        /**
        *遍历 basepath 下多有 mdb 文件,并取出图片
        */
        File file=new File (basePath);
        File[] files=file.listFiles();
        if(files ! =null){
            for(File f:files){
                ca.ConnectAccessFile(f.getName());
                System.out.println(f.getName()+" 已完成");
            }
```

ConnectAccessFile(filename)函数中使用 jdbc 链接数据库，并对于数据库中的滑坡主表、崩塌主表、泥石流主表和斜坡主表调用 exportTable 函数，对这 4 个表中的图片进行导出。程序代码如下：

```
        public void ConnectAccessFile(String dataBaseName) throws Exception
        {
        //load driver
        Class.forName("sun.jdbc.odbc.JdbcOdbcDriver");
        String dburl="jdbc:odbc:driver={Microsoft Access Driver (*.mdb)};DBQ="+basePath+da-
    taBaseName;
        Connection conn=DriverManager.getConnection(dburl, "", "");
        Statementstmt=conn.createStatement();
            //导出表
        exportTable("滑坡主表", stmt, dataBaseName);
        exportTable("崩塌主表", stmt, dataBaseName);
        exportTable("泥石流主表", stmt, dataBaseName);
        exportTable("斜坡主表", stmt, dataBaseName);

        if(stmt ! =null)
        stmt.close();
        if(conn ! =null)
        conn.close();
        }
```

exportTable 函数中用传入的表名和数据库名以及全局路径得到图片储存路径，并建立路径所需的文件夹。在 try 中对第一种表结构进行查询，遍历查询结构，将结果和储存路径传入 toImage 函数进行文件写出和储存操作。在 catch 中对第二种表结构更改 SQL 查询语

句进行相同操作。程序代码如下：

```
/**
*对数据库中的指定表进行导出
*@param tableName
*@param stmt
*@param dataBaseName
*/
public void exportTable(String tableName, Statement stmt, String dataBaseName){
        String tableDirName=null;
        //用于文件夹名称
        if(tableName.equals("滑坡主表"))tableDirName="hp";
        else if(tableName.equals("崩塌主表"))tableDirName="bt";
        else if(tableName.equals("泥石流主表"))tableDirName="ns";
        else if(tableName.equals("斜坡主表"))tableDirName="xp";
        else tableDirName=tableName;

        String dataBaseNameSplit[]=dataBaseName.split("\\.");
        //导出表，文件夹路径
        String dirPath=basePath+dataBaseNameSplit[0]+"\\"+tableDirName+"\\";
        ResultSet rs=null;
            //建立路径
        File path=new File(dirPath);
       if(! path.exists())path.mkdirs();
       byte[] Buffer=new byte[1024*5000];
            try {
            //对于有平面示意图和剖面示意图字段的表结构进行查找
             rs=stmt.executeQuery("select 统一编号，平面示意图，剖面示意图  from "+ta-
bleName);
            while(rs.next())
          {
          //得到唯一标识   —》统一编号
          String picName=rs.getString(1);
          /**
          *输出平面示意图
          */
          String savePath=dirPath+picName+"A.jpg";
          toImage(rs,2,Buffer,savePath);
              /**
              *输出剖面示意图
              */
```

```
                savePath=dirPath+picName+"B.jpg";
                toImage(rs,3,Buffer,savePath);
                        }
                    }catch (Exception e) {
            //有平面示意图和剖面示意图的语句出错尝试只有示意图字段的表结构
            try {
                rs=stmt.executeQuery("select 统一编号，示意图   from "+tableName);
                while(rs.next())
                {
                //得到唯一标识     —》统一编号
                String picName=rs.getString(1);
                    /**
                *输出示意图
                */
                String savePath=dirPath+picName+".jpg";
                toImage(rs,2,Buffer, savePath);
                }
            }catch (SQLException e1) {
                //TODO Auto-generated catch block
                e1.printStackTrace();
            }
        }finally{
        if(rs != null)
                try{
                    rs.close();
                }catch (SQLException e) {
                    //TODO Auto-generated catch block
                    e.printStackTrace();
                }
        }
    }
```

toImage 函数，对传入的数据查看图片是否为空，如果不是读入二进制流到 buffer，写出 buffer 至文件并保存于指定路径(图 4-9)。程序代码如下：

```
public void toImage(ResultSet rs, int fieldNumber, byte[] Buffer, String savePath){
        FileOutputStream outputStream=null;
        InputStream iStream=null;
        int size=0;
        try{
          iStream=rs.getBinaryStream(fieldNumber);
```

```
//读入 buffer
  size=iStream. read(Buffer);
  //如果数据不为空
  if(size ! =-1){
    //用唯一标识创建文件
    File file=new File(savePath);
    if (! file. exists())file. createNewFile();
    //buffer 输出到文件
      outputStream=new FileOutputStream(file);
    outputStream. write(Buffer,0,size);
  }
}catch(Exception e){
    e. printStackTrace();
}finally{
    try {
        if(outputStream ! =null)
        outputStream. close();
        if(iStream ! =null)
        iStream. close();
      }catch (IOException e) {
        //TODO Auto-generated catch block
        e. printStackTrace();
        }
```

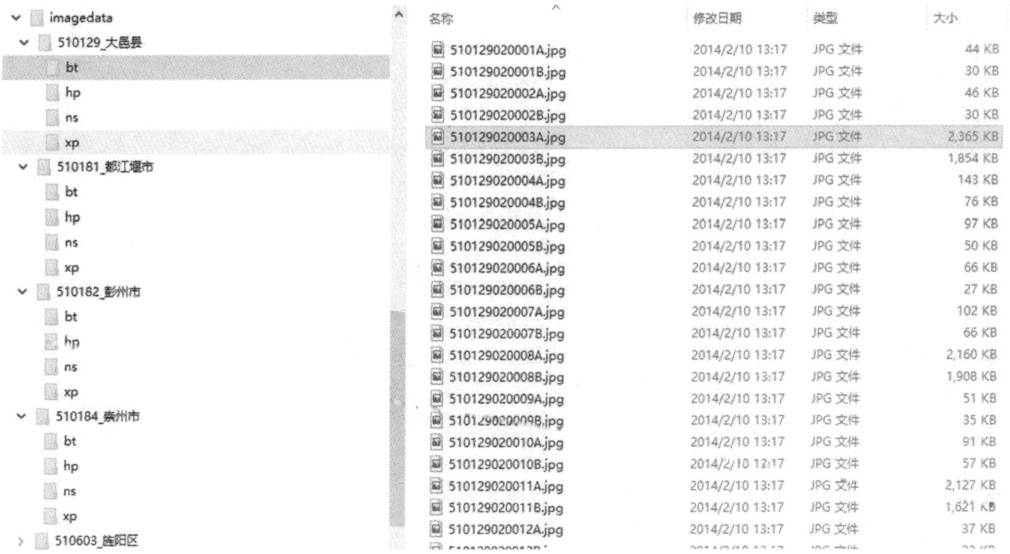

图 4-9　二进制数据导出结果

4.6 经纬度数据修正

经纬度数据在调查录入的时候由于多种因素可能会产生错误，本课题经纬度数据直接用于在地图上标记，如果按中国常用的 WGS1984 的经纬度坐标，经度偏离 1°约 85.39km，纬度 1°大约 111km，这在地图上很容易被发现。对于经纬度有明显错误的数据，必须进行改正。本节列出部分县(市)经纬度错误，以及相关修改过程。

4.6.1 理县

理县斜坡改正前，如图 4－10 所示。

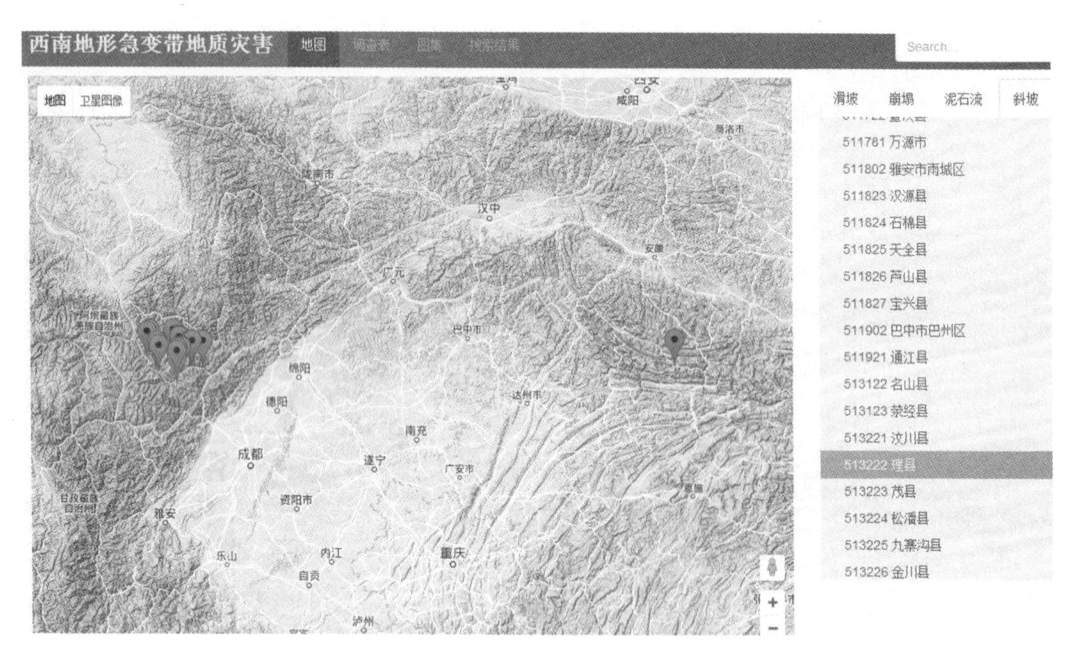

图 4－10 理县斜坡改正前

一条错误记录，统一编号 513222000239。经度错误。

修改 select t. * , t. rowid from haz65. xp_all t where f004＝513222000239 经度 109 ＝＝〉103。

修改后数据检查，地理位置信息与地图显示“日落寨”吻合，说明修改合理，如图 4－11 所示。

修改后的理县斜坡如图 4－12 所示。

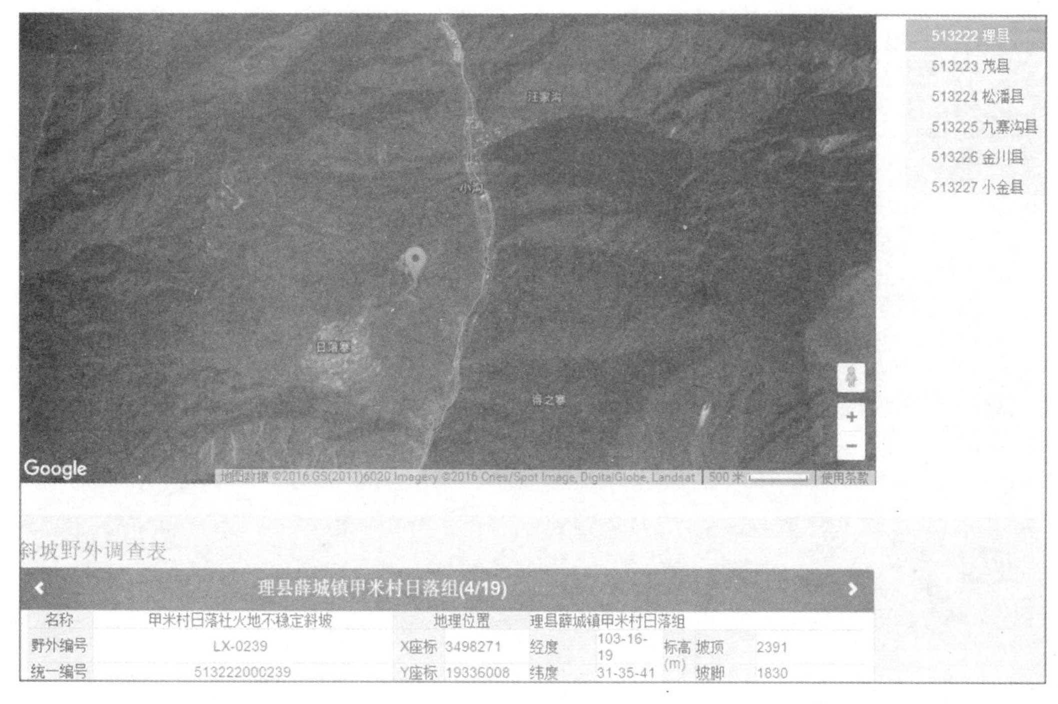

图 4-11 理县斜坡改正后 1

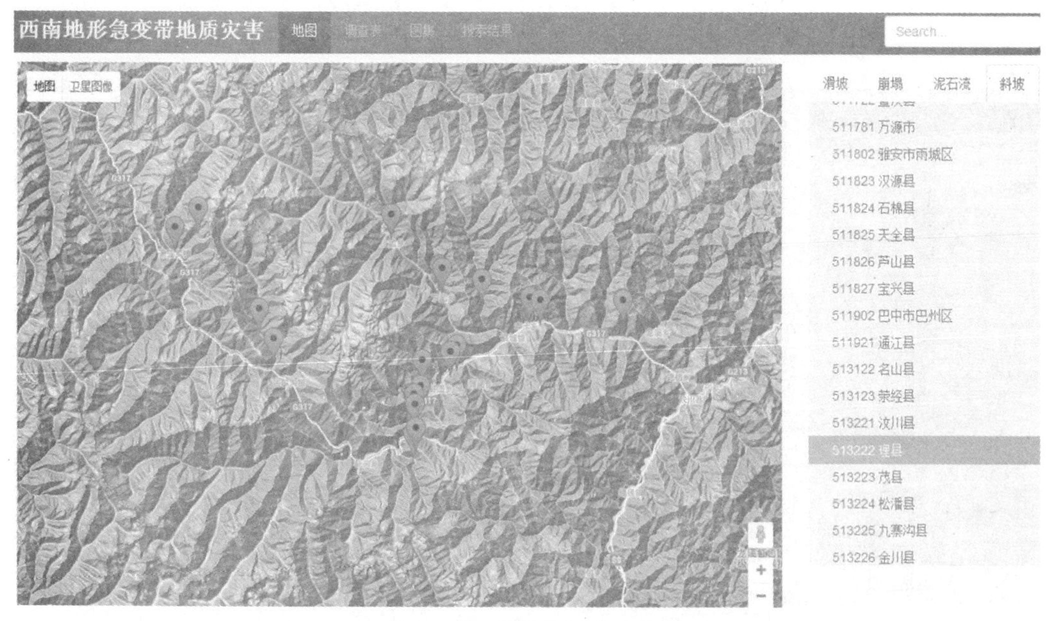

图 4-12 理县斜坡改正后 2

4.6.2 绵竹

绵竹崩塌，如图 4-13 所示。

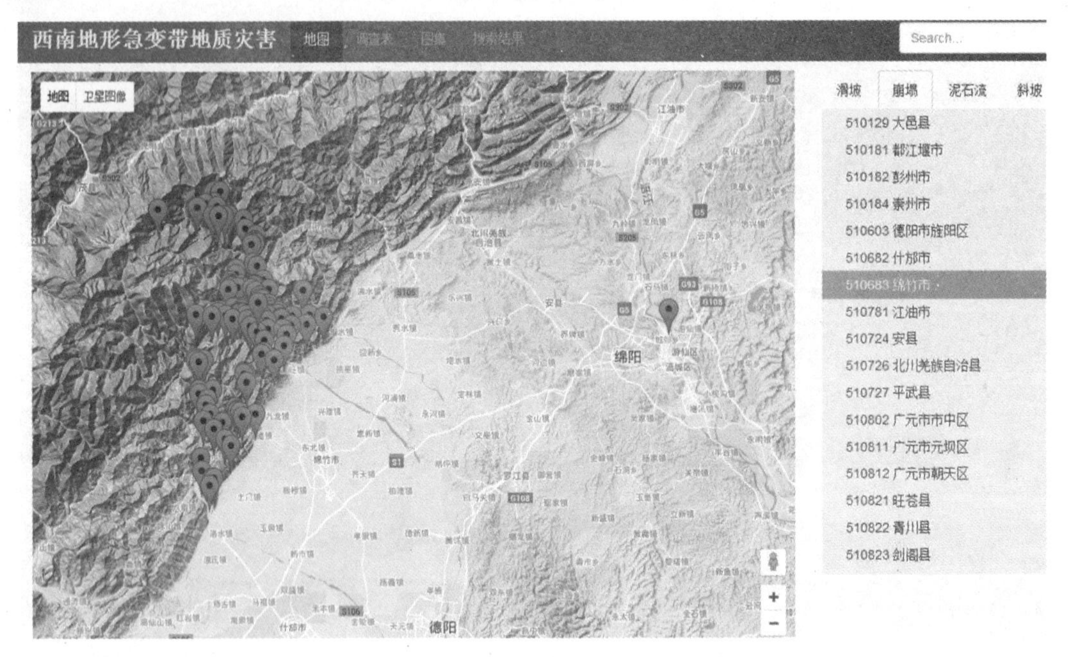

图 4-13 绵竹崩塌

一条错误记录,统一编号 510683020070,经度错误。错位原因不明,无法改正,删除该记录,如图 4-14 所示。

图 4-14 绵竹崩塌改正后

```
DELETE FROM BT_ALL WHERE f004=510683020070;
COMMIT;
```

4.6.3 邛崃

邛崃滑坡，如图 4－15 所示。

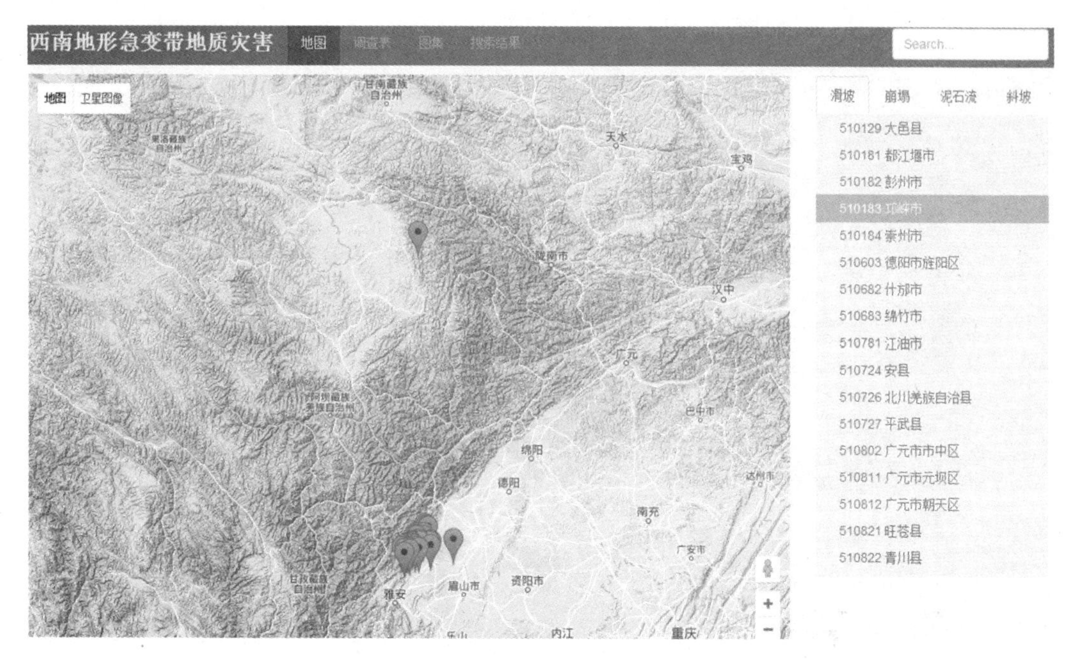

图 4－15 邛崃滑坡

统一编号 510183010038，纬度 33－28－16，邛崃经纬度：103.47 30.42。33→30 改正（图 4－16）。

```
/* 邛崃 hp */
update hp_all set f023=replace(f023,'33－','30－') where f007=510183010038;
COMMIT;
```

邛崃斜坡，如图 4－17 所示。

```
/* 邛崃 xp */
```

问题原因，经纬度录入时填错了位置。正确的邛崃经纬度（103.47 30.42），如图 4－18 所示。

```
update xp_all set f023='30－'||replace(f023,'－30－','－') where f004 like '%510183%';
COMMIT;
```

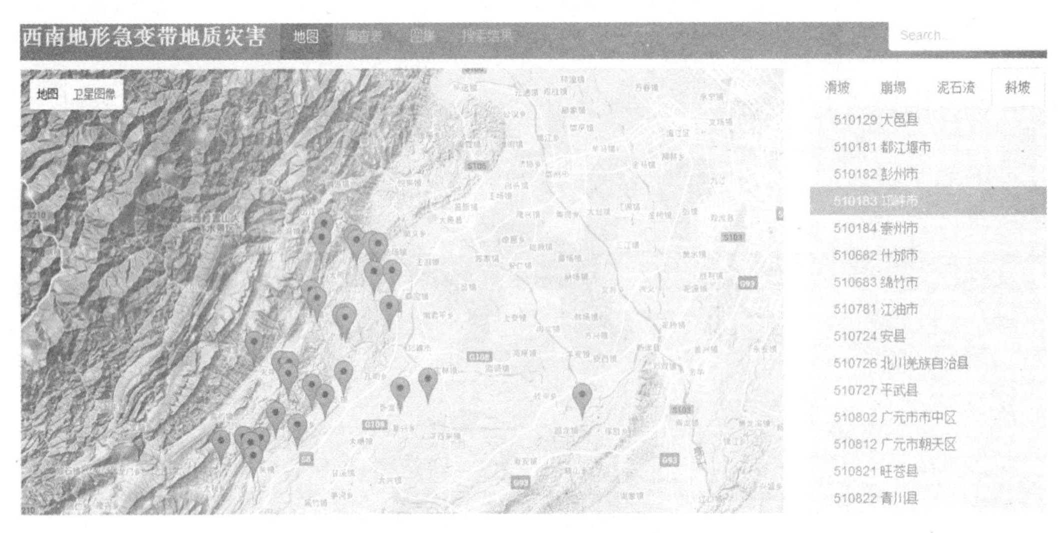

图 4－16　邛崃滑坡改正后

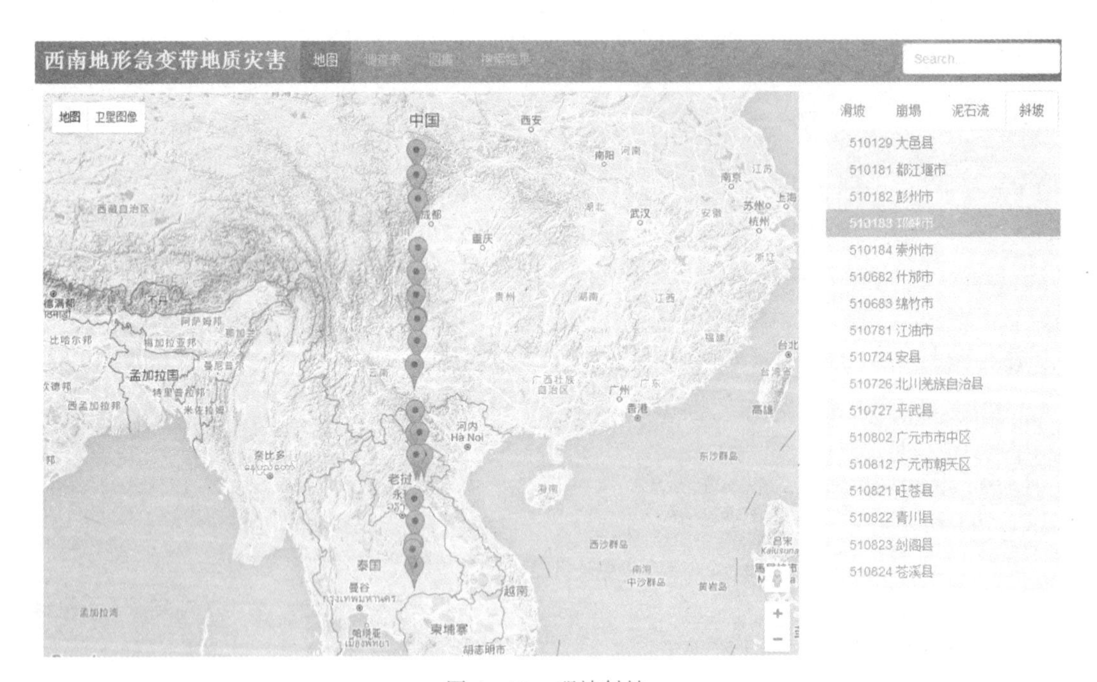

图 4－17　邛崃斜坡

图 4-18 邛崃斜坡改正后

4.6.4 文县

文县滑坡，如图 4-19 所示。

图 4-19 文县滑坡

一条错误记录，经纬度跑出文县。统一编号 622626010008 ，纬度错位 30—09—05，纬度 30→33(图 4-20)。

/* 文县 hp */

select *from hp_all WHERE f007 like '%622626%';

update hp_all set f023=replace(f023,'30—','33—') where f007=622626010008;

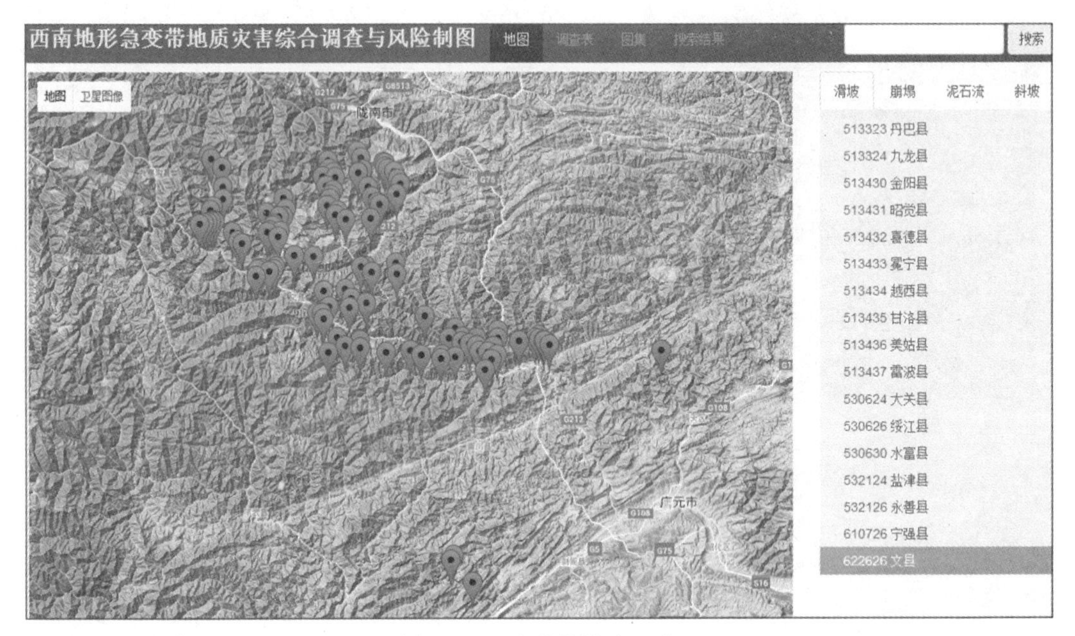

图 4-20 文县滑坡改正后

文县泥石流，出现多种情况的错误填写和疏漏(图 4-21)。

/*文县 ns */

update ns_all setf009=replace(f009,'04—','104—') where f004=622626030157; /* 补齐 */

update ns_all set f009=replace(f009,'104—34','104—34—12') where f004=622626030107; /* 缺秒补齐 */

update ns_all set f009=replace(f009,'114—31—28','104—31—28') where f004=622626030114; /*114==》104 */

update ns_all set f009=replace(f009,'102—52—54','104—52—54') where f004=622626030052; /*102==》104 */

update ns_all set f010=replace(f010,'2—47—55','32—47—55') where f004=622626030254; /* 2==》32 */

update ns_all set f010=replace(f010,'37—4—36','32—4—36') where f004=622626030247; /* 37==》32 */

update ns_all set f010=replace(f010,'23—00—23','32—00—23') where f004=622626030115; /* 23==》32 */

COMMIT;

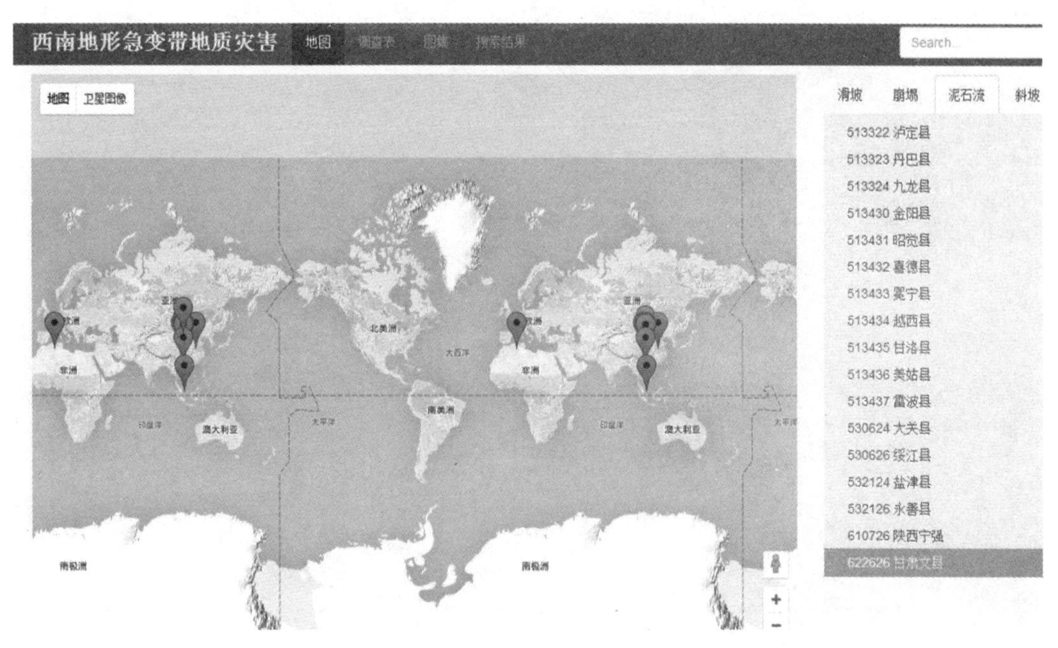

图 4-21 文县泥石流

文县斜坡，整排数据填写错位（图 4-22～图 4-24）。

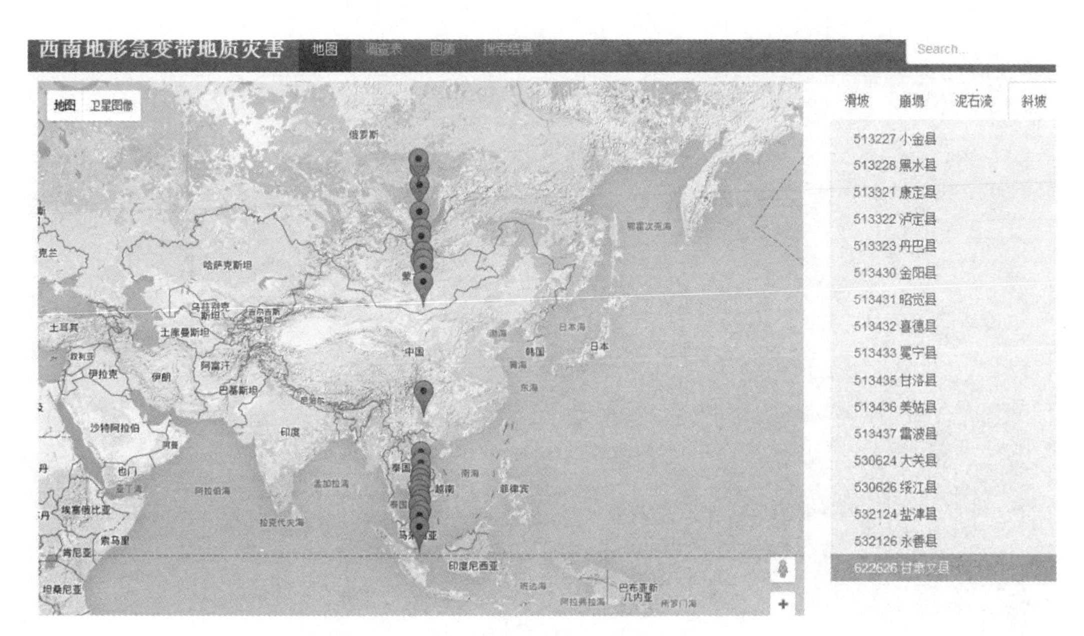

图 4-22 文县斜坡

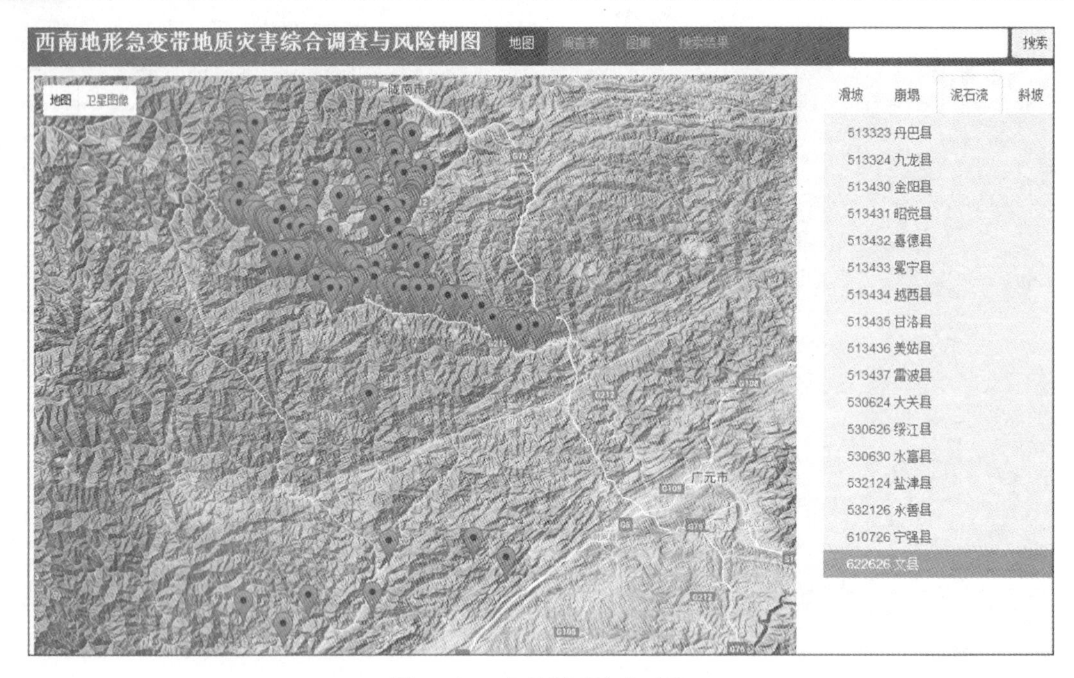

图 4-23 文县泥石流改正后

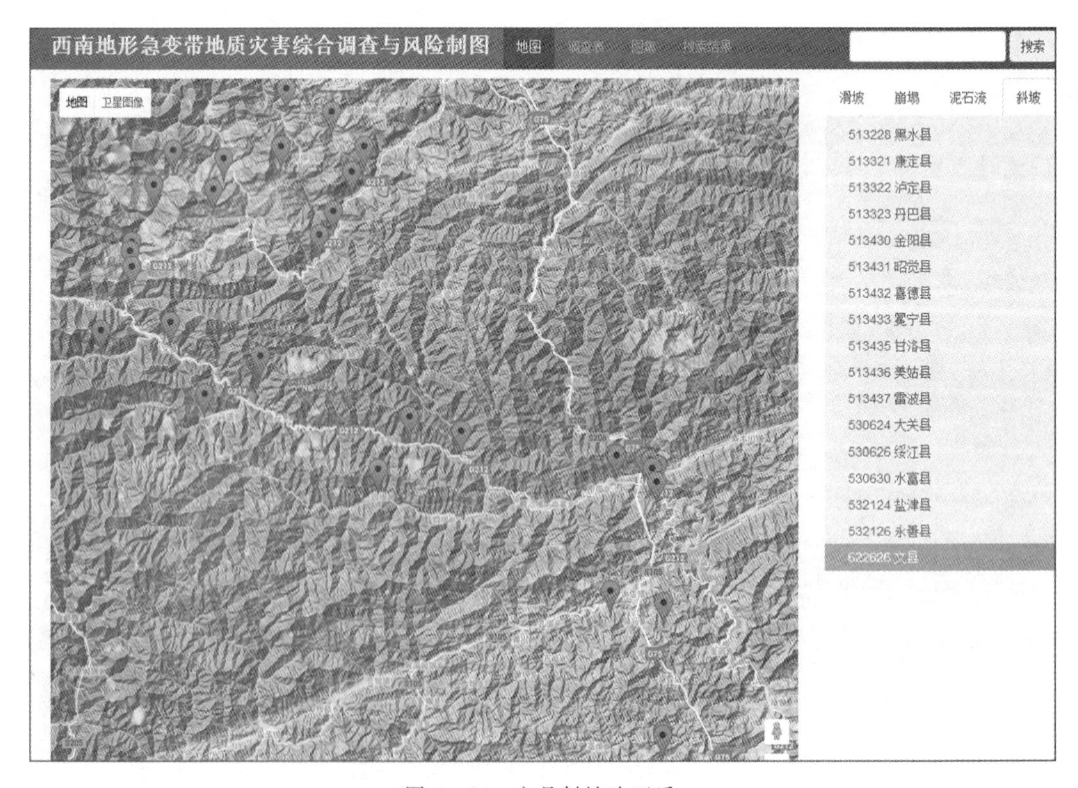

图 4-24 文县斜坡改正后

```
/*文县  xp */
select *from xp_all WHERE f004 like '%622626%'; /*==>34 */
select *from xp_all WHERE f004 like '%622626%' and f023 like '%-32-%'; /*==>18 */
select *from xp_all WHERE f004 like '%622626%' and f023 like '%-33-%'; /*==>14 */

update xp_all set f023='32-'||replace(f023,'-32-','-') where f004 like '%622626%' and f023 like '%-32-%';
update xp_all set f023='33-'||replace(f023,'-33-','-') where f004 like '%622626%' and f023 like '%-33-%';
update xp_all set f023=replace(f023,'42-35-24','32-35-24') where f004=622626000014;
update xp_all set f023=replace(f023,'46-36-15','32-36-15') where f004=622626000042;
update xp_all set f023=replace(f023,'32-5-7','33-5-7') where f004=622626000017;
COMMIT;
```

4.6.5 盐津县

盐津县泥石流，经纬度错误采用地理位置查询交互式修改(图 4-25、图 4-26)。

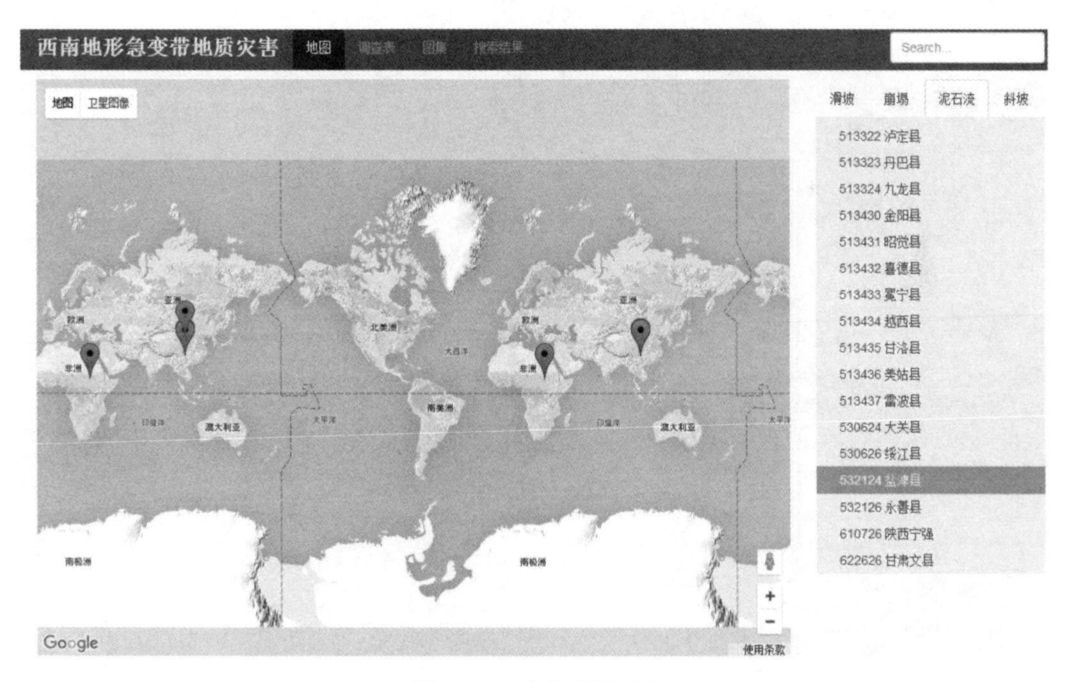

图 4-25 盐津县泥石流

```
/*盐津县  ns */
select *from ns_all WHERE f004 like '%532124%';
update ns_all set f009=replace(f009,'28-15-50','104-15-50') where f004=532124030050;
update ns_all set f010=replace(f010,'10-25-10','28-25-10') where f004=532124030050;
```

update ns_all set f009=replace(f009,'$','104—03—02') where f004=532124030116;

update ns_all set f010=replace(f010,'$','28—07—49') where f004=532124030116;/*云南省昭通地区盐津县中和乡*/

update ns_all set f010=replace(f010,'$','28—03—46') where f004=532124030165;/*云南省昭通地区盐津县盐井镇*/

COMMIT;

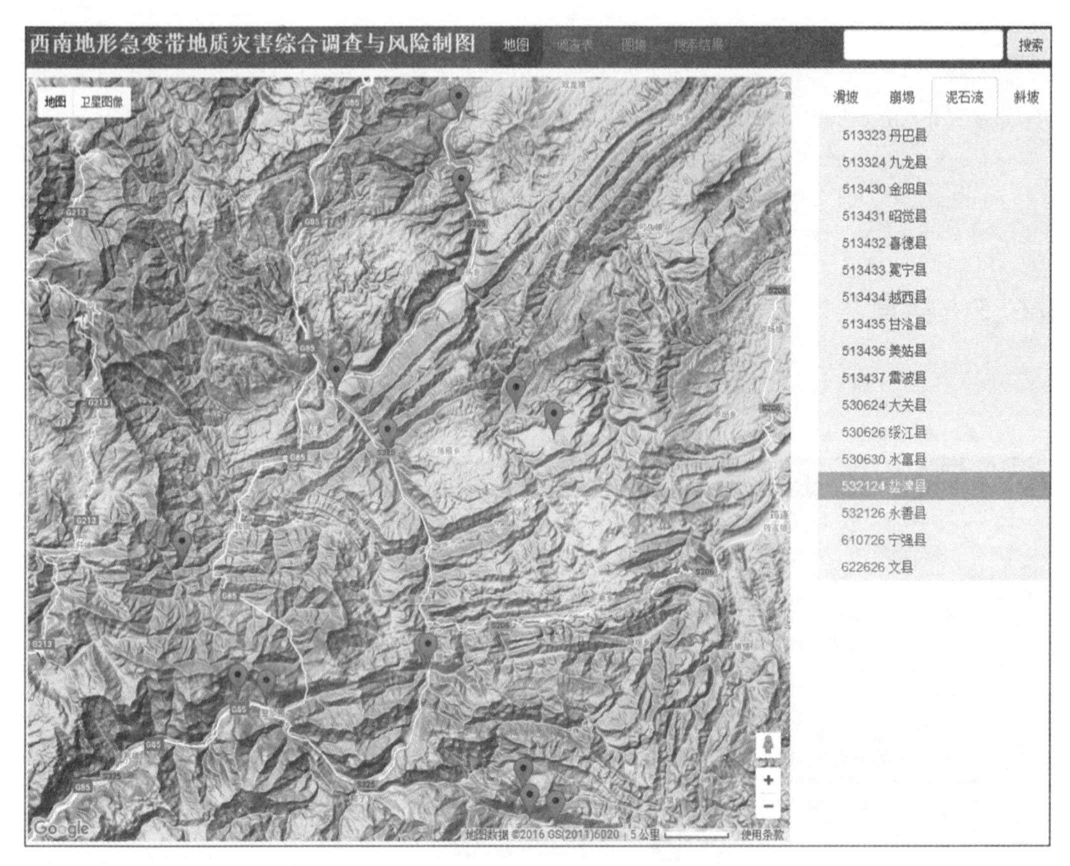

图 4-26 盐津县泥石流改正后

盐津县斜坡,纬度整体错误,替换修改(图 4-27、图 4-28)。

/*盐津县 xp */

select *from xp_all WHERE f004 like '%532124%';

select *from xp_all WHERE f004 like '%532124%' and f023 like '%—28—%';

select *from xp_all WHERE f004 like '%532124%' and f023 like '%—27—%';

update xp_all set f023='28—'||replace(f023,'—28—','—') where f004 like '%532124%' and f023 like '%—28—%'; /*==>76 */

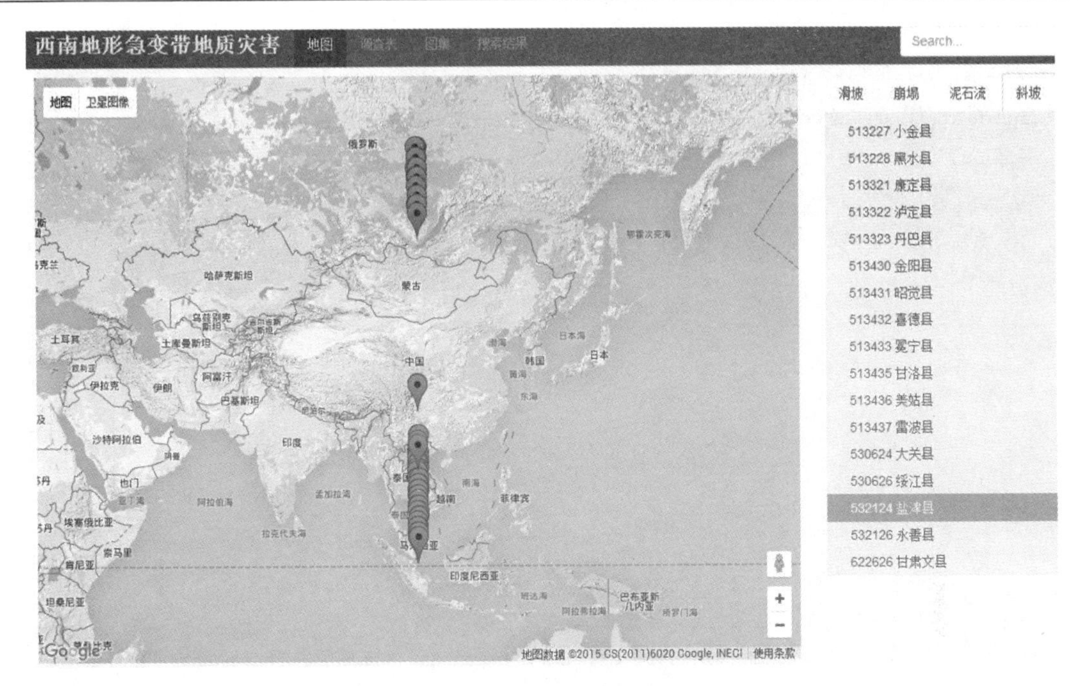

图 4－27　盐津县斜坡

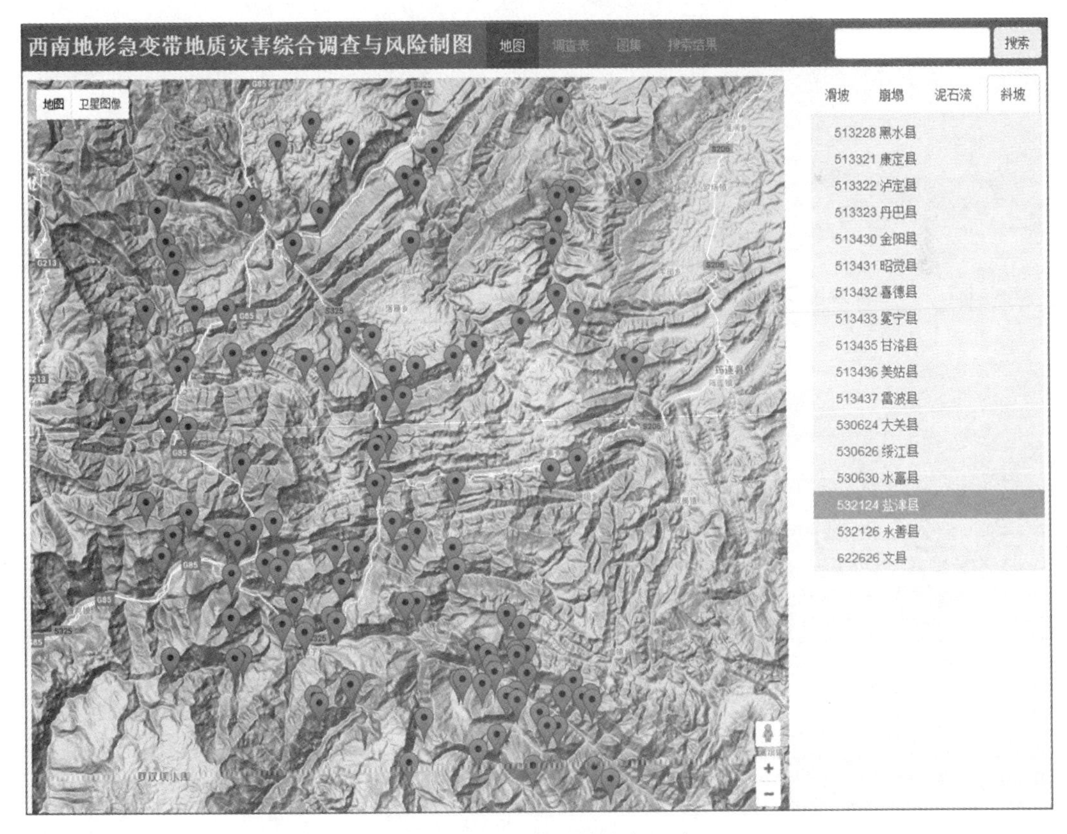

图 4－28　盐津县斜坡改正后

update xp_all set f023='27－'||replace(f023,'－27－','－') where f004 like '%532124%' and f023 like '%－27－%'; /*==>47 */

update xp_all set f023=replace(f023,'12－58－46','28－12－46') wheref004=532124000089;

commit;

§5 系统开发

5.1 关键技术及开发工具

5.1.1 Google Maps API

Google Maps API 是 Google 为开发者提供的 Maps 编程 API。它允许开发者在不必建立自己的地图服务器的情况下，将 Google Maps 地图数据嵌入到网站之中，从而实现嵌入 Google Maps 的地图服务应用，并借助 Google Maps 的地图数据为用户提供位置服务。开发者们只需使用 JavaScript 脚本语言就可以轻轻松松地将 Google Maps 服务衔接到自己的网站中。此外，还可以自主地在地图上制作标记或者信息窗口，包括图标和黄页等类型的信息框。

Google Maps API 的核心类主要包括地图类(GMap2)、标记类(GMarker)、标记选项类(GMarkerOptions)、折线类 (GPolyline)、经纬度(GLatLng)、命名空间(GEvent)、坐标类(GPoint)、控件的大小类(GSize)、interface(GControl)、地图类型类(GMapType)、地图上面的图标类(GIcon)、窗体类(GInfoWindow)、窗体选项类(GInfoWindowOptions)、接口(GOverlay)、枚举(GMapPane)等。

5.1.2 Ajax

Ajax 即 Asynchronous JavaScript And XML(异步 JavaScript 和 XML)，是一种创建交互式网页应用的网页开发技术。

Ajax 是一种用于创建快速动态网页的技术，是一种在无需重新加载整个网页的情况下，能够更新部分网页的技术。通过在后台与服务器进行少量数据交换，Ajax 可以使网页实现异步更新。这意味着可以在不重新加载整个网页的情况下，对网页的某部分进行更新。

Ajax 开发与传统的 B/S 开发有很大的不同，由于 Ajax 依赖浏览器的 JavaScript 和 XML，浏览器的兼容性和支持的标准与 JavaScript 运行时的性能一样重要。Ajax 的核心是 JavaScript 对象 XmlHttpRequest，它可以称为 Ajax 的引擎，是一种支持异步请求的技术，XmlHttpRequest 使开发者可以使用 JavaScript 向服务器提出请求并处理响应，而不阻塞用户。Ajax 的特点是异步传输，因此 Ajax 发送请求后并不会等待服务器的响应，使用 onreadystatechange 指定函数，让 XmlHttpRequest 对象接收到服务器响应时通知第一层的

JavaScript 程序。XmlHttpRequest 对象在大部分浏览器上已经实现，而且拥有一个简单的接口，允许数据从客户端传递到服务器端，不打断用户当前的操作。

Ajax 技术的典型应用就包括 Google Maps，在嵌入 Google Maps API 时，引入的 JavaScript 库中的函数就是使用 Ajax 来发送搜索请求到 Google 服务器的，并获取搜索结果。Ajax 技术给 Google Maps 提供了快速缩放能力和拖动能力。

5.1.3 JavaScript

JavaScript 是一种脚本开发语言，可以直接嵌入到 HTML、PHP 页面之中，常用来给 HTML 网页添加动态功能以增加页面的交互性，广泛应用于 Internet 网页制作，是目前世界上最流行的脚本语言。JavaScript 提供的是纯文本程序且不需要事先编译，比 Java 语言简单易懂。

JavaScript 是基于对象的程序设计，因此具有面向对象的功能，事实上，JavaScript 中的一切都是对象，其中的字符串、数值、数组、函数都可以称为对象。常用对象有 Array(用于在单个的变量中存储多个值)、Date(用于处理日期和时间)、String(用于处理字符串)、Function(函数对象)。JavaScript 的基础是对象，但是不需要实例化某个具体类的实例，因为 JavaScript 中不包含类(class)。JavaScript 中的对象本身可以用来创建新对象，这种概念模型称为原型化继承。且 JavaScript 中的对象不是独立存在的，对象与对象之间存在着层次结构即对象模型，如 Document 对象是 Window 对象的子对象，Window 对象是 Document 对象的父对象等。使用对象模型可以概括描述 JavaScript 对象之间的层次关系。当用户在浏览器中进行操作时，JavaScript 语言还可以捕捉到当前操作，并对不同的操作进行响应，这种响应就是事件驱动与事件处理。Google Maps API 中涉及大量的事件驱动与事件处理实例，例如加载事件 onload()和卸载事件 unload()。

正因为 JavaScript 是基于对象的程序设计的这一特点，JavaScript 中的任何函数都可以被实例化为一个对象，定义函数可用关键字 function。函数可以定义为公共方法、私有方法、特权方法、静态方法等。JavaScript 提供了许多现成的代码库为大部分 DOM 脚本工程提供参考指南，也提供了许多独特的工具。常用的库有 jQuery、prototype、JSer。

想要通过嵌入 Google Maps API 实现地质灾害信息系统就必须使用 JavaScript，因为 Google Maps API 本身就是构建在 JavaScript 之上的。

5.1.4 Web 服务：Tomcat

Tomcat 服务器是一个免费的开放源代码的 Web 应用服务器，属于轻量级应用服务器，在中小型系统和并发访问用户不是很多的场合下被普遍使用，是开发和调试 jsp 程序的首选。Tomcat Server 是根据 servlet 和 jsp 规范执行的，因此可以说 Tomcat Server 也实行了 Apache－Jakarta 规范且比绝大多数商业应用软件服务器要好。Tomcat 是 Apache 软件基金会(Apache Software Foundation)的 Jakarta 项目中的一个核心项目，由 Apache、Sun 和其他一些公司及个人共同开发而成。Apache 是 Web 服务器，Tomcat 是应用(java)服务器，它只是一个 servlet 容器，是 Apache 的扩展。Apache 和 Tomcat 都可以作为独立的 Web 服务器来运行，但是 Apache 不能解释 java 程序(jsp，servlet)。两者都是一种容器，只不过发布的东西不同：Apache 是 html 容器；Tomcat 是 jsp/servlet 容器，用于发布 jsp 及 java。

5.1.5 前端开发框架：Bootstrap

Bootstrap 是美国 Twitter 公司的设计师 Mark Otto 和 Jacob Thornton 合作，基于 HTML、CSS、JavaScript 开发的简洁、直观的前端开发框架，使得 Web 开发更加快捷。

基本结构：Bootstrap 提供了一个带有网格系统、链接样式及背景的基本结构。

组件支持：Bootstrap 中包含了丰富的 Web 组件，根据这些组件，可以快速地搭建一个漂亮且功能完备的网站。组件包括下拉菜单、按钮组、按钮下拉菜单、导航、导航条、路径导航、分页、排版、缩略图、警告对话框、进度条、媒体对象等。

插件支持：Bootstrap 自带了 13 个 jQuery 插件，这些插件包括模式对话框、标签页、滚动条、弹出框等。

CSS：Bootstrap 自带以下特性，包括全局的 CSS 设置、定义基本的 HTML 元素样式、可扩展的 class，以及一个先进的网格系统。

框架代码：可以对 Bootstrap 中所有的 CSS 变量进行修改，依据自己的需求裁剪代码。

定制：可以定制 Bootstrap 的组件、LESS 变量和 jQuery 插件从而得到用户自己的版本。

5.1.6 语言开发工具：Eclipse/MyEclipse

Eclipse 是一个开放源代码的、基于 Java 的可扩展开发平台。就其本身而言，它只是一个框架和一组服务，用于通过插件组件构建开发环境。Eclipse 还包括插件开发环境(Plugin Development Environment，PDE)，这个组件主要针对希望扩展 Eclipse 的软件开发人员，因为它允许他们构建与 Eclipse 环境无缝集成的工具。Eclipse 的本身只是一个框架平台，但是众多插件的支持使得 Eclipse 拥有其他功能相对固定的 IDE 软件很难具有的灵活性。许多软件开发商以 Eclipse 为框架开发自己的 IDE。

MyEclipse 是在 Eclipse 基础上加上自己的插件开发而成的功能强大的企业级集成开发环境，主要用于 Java、Java EE 以及移动应用的开发。MyEclipse 是一个十分优秀的用于开发 Java、J2EE 的 Eclipse 插件集合，它是功能丰富的 JavaEE 集成开发环境，包括了完备的编码、调试、测试和发布功能，完整支持 HTML、Struts、JSP、CSS、JavaScript、Spring、SQL、Hibernate。

5.2 读取 xml 文件配置 Oracle 数据库连接

GEOSUR 系统的配置文件

把数据库相关信息封装在 sys—config. xml 文件中，内容如下：

```
<? xml version="1.0" encoding="UTF-8"? >
<config>
    <db-info>
        <driver-name>oracle.jdbc.driver.OracleDriver</driver-name>
        <url>jdbc:oracle:thin:@202.114.206.153:1521:CHEN</url>
        <username>haz65</username>
        <password>chy65</password>
    </db-info>
    <item-dao>cai.cug.geosur.basedata.dao.ItemDao4OracleImpl</item-dao>
</config>
```

采用 ConfigerReader 类来读取以上配置：

```
package cai.cug.geosur.util;
import org.dom4j.Document;
import org.dom4j.DocumentException;
import org.dom4j.Element;
import org.dom4j.io.SAXReader;
/**
 *采用单例模式读取 xml 配置文件 sys-config.xml
 *@author Administrator
 *
public class ConfigReader {
    private static ConfigReader instance=newConfigReader();
    private Document doc;
    private JdbcInfo jdbcInfo;
    private String itemDaoString;
    private ConfigReader() {
        try {
            doc=new
SAXReader().read(Thread.currentThread().getContextClassLoader().getResourceAsStream("sys-
config.xml"));
            Element driverNameElt=(Element)doc.selectObject("/config/db-info/driver-name");
            Element urlElt=(Element)doc.selectObject("/config/db-info/url");
            Element usernameElt=(Element)doc.selectObject("/config/db-info/username");
            Element passwordElt=(Element)doc.selectObject("/config/db-info/password");
            jdbcInfo=new JdbcInfo();
            jdbcInfo.setDriverName(driverNameElt.getStringValue());
            jdbcInfo.setUrl(urlElt.getStringValue());
            jdbcInfo.setUsername(usernameElt.getStringValue());
            jdbcInfo.setPassword(passwordElt.getStringValue());
```

```
                Element itemDaoStringElt=(Element)doc. selectObject("/config/item-dao");
                itemDaoString=itemDaoStringElt. getStringValue();
            } catch (DocumentException e) {
                e. printStackTrace();
            }
        }
    }
    public static ConfigReader getInstance() {
        return instance;
    }
    public JdbcInfo getJdbcInfo() {
        return jdbcInfo;
    }
    public String getItemDaoString() {
        return itemDaoString;
    }
}
```

根据从 xml 文件读取的相关参数,取得数据库连接

```
    /**
     *取得数据库连接
     */
    public static Connection getConnection() {
        Connection conn=null;
        try {
            //取得 jdbc 配置信息
            JdbcInfo jdbcInfo=ConfigReader. getInstance(). getJdbcInfo();
            Class. forName(jdbcInfo. getDriverName());
            conn = DriverManager. getConnection(jdbcInfo. getUrl(), jdbcInfo. getUsername(), jdbcIn-
fo. getPassword());
        } catch (ClassNotFoundException e) {
            e. printStackTrace();
            throw new AppException("系统出现故障,请联系系统管理员!");
        } catch (SQLException e) {
            e. printStackTrace();
            throw new AppException("系统出现故障,请联系系统管理员!");
        }
        return conn;
        }
```

通过 DBUtil 和 ConnectionManager 类,进行数据库访问

```
import java.sql.PreparedStatement;
import java.sql.ResultSet;
import java.sql.SQLException;
import java.util.ArrayList;
import java.util.List;
import cai.cug.geosur.baseinfo.dao.Baseinfo1Dao;
importcai.cug.geosur.baseinfo.domain.Baseinfo1;
import cai.cug.geosur.util.AppException;
import cai.cug.geosur.util.ConnectionManager;
import cai.cug.geosur.util.DBUtil;
import cai.cug.geosur.util.DaoException;
public class Baseinfo1DaoImpl implements Baseinfo1Dao {
//执行查询操作
    public List<Baseinfo1>findBaseinfo1List(String fromWhere, int pageNo, int pageSize, String code)
        throws DaoException {
        StringBuffer sbSql=new StringBuffer();
        sbSql.append("select *from ").append("(").append(
                "select rownum rn,t.*from ").append("(").append(
                "select F001,F002,F003,F004,F005 from "+fromWhere+" a "+" where a.F004=")
.append(code)
                .append(" order by a.F005 ").append(") t where rownum <=? ")
                .append(") ").append("where rn >?");
        PreparedStatement pstmt=null;
        ResultSet rs=null;
        List<Baseinfo1>baseinfo1List=new ArrayList<Baseinfo1>();
        try {
            Connection conn=ConnectionManager.getConnection();
            pstmt=conn.prepareStatement(sbSql.toString());
            pstmt.setInt(1, pageNo *pageSize);
            pstmt.setInt(2, (pageNo-1) *pageSize);
            rs=pstmt.executeQuery();
            while (rs.next()) {
                Baseinfo1 baseinfo1=new Baseinfo1();
                baseinfo1.setBi101(rs.getString("F001"));
                baseinfo1.setBi102(rs.getString("F002"));
                baseinfo1.setBi103(rs.getString("F003"));
                baseinfo1.setBi104(rs.getString("F004"));
        baseinfo1.setBi105(String.valueOf(rs.getFloat("F005")));
                baseinfo1List.add(baseinfo1);
            }
        } catch (SQLException e) {
```

```
            e. printStackTrace();
            System. out. println("CountryDaoImpl. findCountryList()失败!");
            throw new DaoException(e);
        } finally {
            ConnectionManager. close(rs);
            ConnectionManager. close(pstmt);
        }
            return baseinfo1List;
    }
    //执行修改操作
    public void modifyBaseinfo1(String fromWhere, Baseinfo1 baseinfo1)
        throws DaoException{
        String sql="update "+fromWhere+" set F001=?, F002=?, F003=?, F004=? ,F005=? "+
        "where F004=?";
        Connection conn=null;
        PreparedStatement pstmt=null;
        try {
            conn=DBUtil. getConnection();
            pstmt=conn. prepareStatement(sql);
            pstmt. setString(1, baseinfo1. getBi101());
            pstmt. setString(2, baseinfo1. getBi102());
            pstmt. setString(3, baseinfo1. getBi103());
            pstmt. setString(4, baseinfo1. getBi104());
        pstmt. setString(5, baseinfo1. getBi105());
        pstmt. executeUpdate();
        }catch(SQLException e) {
            e. printStackTrace();
        }finally {
            DBUtil. close(pstmt);
        DBUtil. close(conn);
        }
    }
    //取得记录数
    public int getRecordCount(String fromWhere, String code)
    throws DaoException {
        String sql="selectcount(*) from "+fromWhere+" a where F004="+code;
        PreparedStatement pstmt=null;
        ResultSet rs=null;
        try {
            Connection conn=ConnectionManager. getConnection();
            pstmt=conn. prepareStatement(sql);
```

```
            rs=pstmt.executeQuery();
            rs.next();
            return rs.getInt(1);
        } catch (SQLException e) {
            e.printStackTrace();
            System.out.println("BaseinfoDaoImpl.getRecordCount()失败!");
            throw new DaoException(e);
        } finally {
            ConnectionManager.close(rs);
            ConnectionManager.close(pstmt);
        }
    }
        //执行增加操作
    public void addBaseinfo1(String fromWhere, String sheng, String shi, String xian, String code)
            throws DaoException {
        StringBuffer sbSql=new StringBuffer();
        sbSql.append("insert into "+fromWhere+" ( ").append(
                "F001,F002,F003,F004 )").append(" values (?, ?, ?, ?)");
        PreparedStatement pstmt=null;
        try {
            Connection conn=ConnectionManager.getConnection();
            pstmt=conn.prepareStatement(sbSql.toString());
            pstmt.setString(1, sheng);
            pstmt.setString(2, shi);
            pstmt.setString(3, xian);
            pstmt.setString(4, code);
            pstmt.executeUpdate();
        } catch (SQLException e) {
            e.printStackTrace();
            System.out.println("Baseinfo1DaoImpl.addBaseinfo1()失败!");
            throw new DaoException(e);
        } finally {
            ConnectionManager.close(pstmt);
        }
    }
    }
```

5.3 地图显示及数据标注

使用 Google Maps API，在 https://code.google.com/apis/console 取得一个通用的

API key，调用 Google 的地图服务。根据经纬度数据显示相关联的地图，数据和图均以县（市）为单位调用显示。* mapTypeId：地图的类型[Hybrid 为卫星图（含地名），Terrain 为地形图]；添加地图的缩放比例（* zoom：），实现电子地图的缩放、拖动操作，包括放大、缩小、平移、全图。

这一部分的实现主要是利用 ASP 内嵌 Google Maps API 的方式实现地图信息的基本浏览功能。在显示的地图信息中通过在目标位置上增加标注的形式来显示地质灾害点，点击标记上的链接显示目标各个属性的图片和文字信息。

5.3.1 地图显示及标注功能的实现

Map 模块相关功能主要在于地图浏览功能，支持基础的电子地图基本操作。具体功能包括：①电子地图的缩放、拖动操作，包括放大、缩小、平移、全图；②地图快速定位；③显示重要的地标建筑；④鹰眼和图例显示。

这一部分的实现主要是利用 ASP 内嵌 Google Maps API 的方式实现地图信息的基本浏览功能。在显示的地图信息中通过在目标位置上增加标注的形式来提示，点击标记上的链接显示目标各个属性的图片和文字信息。地图浏览功能的部分实现代码如下：

```
<%@ page language = " java " contentType = " text/html; charset = GB18030 " pageEncoding = "
GB18030"%>
<%@ page import="java. util. *" %>
<%@ page import="cai. cug. geosur. util. *" %>
<%@ page import="cai. cug. geosur. surveydata. dao. *" %>
<%@ page import="cai. cug. geosur. surveydata. dao. impl. *" %>
<%@ page import="cai. cug. geosur. surveydata. domain. *" %>
<%@ page import="cai. cug. geosur. surveydata. service. *"%>
<%@ page import="cai. cug. geosur. surveydata. service. impl. *"%>
<%
      LatLngTableService surveydataService=(LatLngTableService)BeanFactory. getInstance(). getBean
(LatLngTableService. class);
      ArrayList<LatLngTable>pageModel=surveydataService. getLatLngTable("BT510129","F005","
F023","F022","F004","F011");
%>
<html>
<head>
<meta name="viewport" content="initial-scale=1. 0, user-scalable=no" />
<meta http-equiv="content-type" content="text/html; charset=UTF-8"/>
<title>西南地形急变带地质灾害数据库</title>
<script type = " text/javascript" src = " http://maps. google. com/maps/api/js? sensor = false " ></
script>
<script type="text/javascript" src="includes/js/googleUtils. js"></script>
<script type="text/javascript">
```

```
var infowindow;
var map;
function getLatLng(latlng){
    var strs=latlng.split("-");
    var lat=parseFloat(strs[0])+parseFloat(strs[1])/60+parseFloat(strs[2])/3600;
    return lat;}
function initialize() {
    var myLatlng=new google.maps.LatLng(parseFloat(getLatLng("30-36-54")),parseFloat
(getLatLng("103-19-21")));
    var mapOptions={
    center:myLatlng,
    zoom:10,
    scaleControl:true,
    mapTypeId:google.maps.MapTypeId.TERRAIN//地图显示的类型。有地图(ROADMAP)、
卫星(SATELLITE)、混合(HYBRID)、地形(TERRAIN)4种类型
    };
    map=new google.maps.Map(document.getElementById("map_canvas"),mapOptions);
        <%
        String t005="";
        String t004="";
        String t022="";
        String t023="";
        String t011="";
        int intPageNo=0;
        LatLngTable remotedata=null;
    for (Iterator<LatLngTable>iter=pageModel.iterator(); iter.hasNext();) {
        remotedata=(LatLngTable)iter.next();
        intPageNo=++intPageNo;
        t005=remotedata.getCname();
        t004=remotedata.getCbh();
        t023=remotedata.getClat();
        t022=remotedata.getClng();
        t011=remotedata.getCaddress();
        >
        var latlng=new google.maps.LatLng(parseFloat(getLatLng("<%=t023%>")),parse-
Float(getLatLng("<%=t022%>")));
         var cname="统一编号:<a href=../surveydata/showsurveydata2.jsp? code2008=
510129&pageNo=<%=intPageNo%>><%=t004%></a><br>名称:<%=t005%><br>位
置:<%=t011%>";
        var marker=createMarker(cname, latlng);
        <%}
```

```
            %>
    }
    function createMarker(name, latlng) {
        var marker=new google.maps.Marker({position:latlng, map:map});
        google.maps.event.addListener(marker, "click", function() {
        if (infowindow) infowindow.close();
        infowindow=new google.maps.InfoWindow({content:name});
        infowindow.open(map, marker);
        });
    return marker;
    }
    </script>
    </head>
    <body onLoad="initialize()">
    <table width="880" height="30" border="0" align="center" cellpadding="0" cellspacing="0"
class="rd1">
    <tr>
        <td width="880"  align="center" bgcolor="#EEEEEE">510129 大邑县  <%=intPage-
No%>条崩塌记录</td>
    </tr>
    <tr>
        <td width="880"  align="center" bgcolor="#EEEEEE"><div id="map_canvas" style
="width:880px; height:455px"></div></td>
        </tr>
    </table>
</body>
</html>
```

代码封装在名为 initialize()的函数中，并且也指定为在使用以下语句加载页面时执行：

```
<body onLoad="initialize()">
<td width="880" align="center" bgcolor="#EEEEEE"><div id="map_canvas" style="width:
880px; height:455px"></div></td>
```

对于该地图，中心位置由 myLatLng 设定，缩放级别为 10，显示比例尺，首选地图类型为地形。

5.3.2 Map 标注中相关参数的获取

在上面实现的标注中，使用到 Marker 模块的 LatLng 和 title 参数，这两个参数均存储在后台的 Oracle 数据库中，使用 LatLngTableDao 类来取得参数列表，代码如下：

```
package cai.cug.geosur.surveydata.dao.impl;
import java.sql.Connection;
import java.sql.PreparedStatement;
```

```
import java.sql.ResultSet;
import java.sql.SQLException;
import java.util.ArrayList;
import java.util.List;
import cai.cug.geosur.srhinfo.domain.SrhHPdata;
import cai.cug.geosur.surveydata.dao.LatLngTableDao;
import cai.cug.geosur.surveydata.domain.LatLngTable;
import cai.cug.geosur.util.AppException;
import cai.cug.geosur.util.ConnectionManager;
import cai.cug.geosur.util.DBUtil;
import cai.cug.geosur.util.DaoException;
public class LatLngTableDaoImpl implements LatLngTableDao {
public ArrayList<LatLngTable>getLatLngTable(String fromWhere, String name, String lat, String lng,
String bh, String address)
        throws DaoException{
            String sql="SELECT "+name+", "+lat+", "+lng+", "+bh+  ", "+address+" from "
+fromWhere+" order by "+bh;
            Connection conn=null;
            PreparedStatement pstmt=null;
            ResultSet rs=null;
            ArrayList<LatLngTable>surveydata1aList=new ArrayList<LatLngTable>();
            try {
                conn=DBUtil.getConnection();
                pstmt=conn.prepareStatement(sql);
                rs=pstmt.executeQuery();
                while(rs.next()) {
                    LatLngTable surveydata1a=new LatLngTable();
                    surveydata1a.setClat(rs.getString(lat).trim());
                    surveydata1a.setClng(rs.getString(lng).trim());
                    surveydata1a.setCname(rs.getString(name).trim().replaceAll("[\\t\\n\\r]",""));
                    surveydata1a.setCbh(rs.getString(bh).trim().replaceAll("[\\t\\n\\r]",""));
                    if (rs.getString(address) != null){surveydata1a.setCaddress(rs.getString(address).
trim().replaceAll("[\\t\\n\\r]",""));
                    }else
                    {
                        surveydata1a.setCaddress("未填写");
                    }
                    surveydata1aList.add(surveydata1a);
            }
        }catch(SQLException e) {
            e.printStackTrace();
```

```
            throw new AppException("索取地图参数时发生错误!");
        }finally {
            DBUtil.close(rs);
            DBUtil.close(pstmt);
            DBUtil.close(conn);
            }
            return surveydatalaList;
        }
}
```

Java类LatLngTableDao执行Web客户端的请求，返回符合要求的MAP参数列表，客户端接到参数列表后，利用Google Maps API将信息显示在地图上。

5.3.3 地图上标记地质灾害点的效果

以地质灾害调查数据中每个灾害点的地理信息数据为依据，标记在谷歌地图上，如图5-1所示。地图分为地形地图和卫星图像两种，可切换，如图5-2所示。

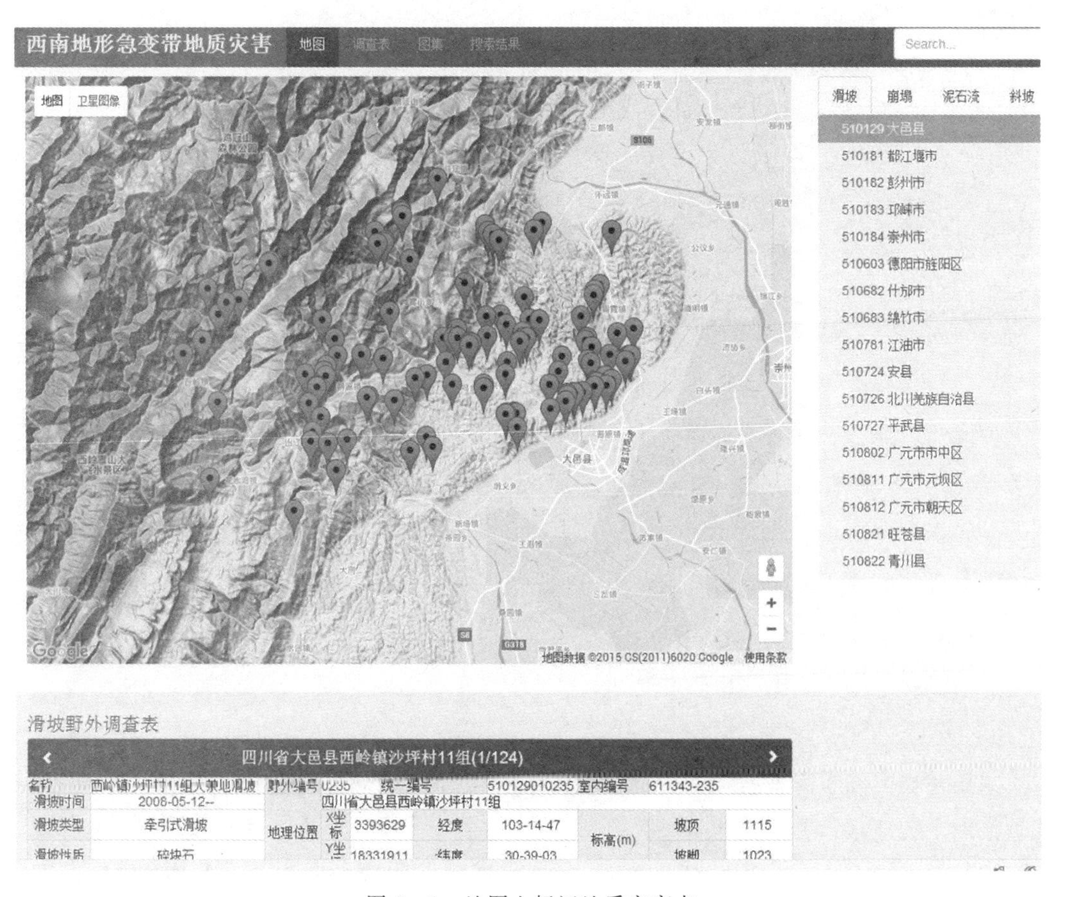

图5-1 地图上标记地质灾害点

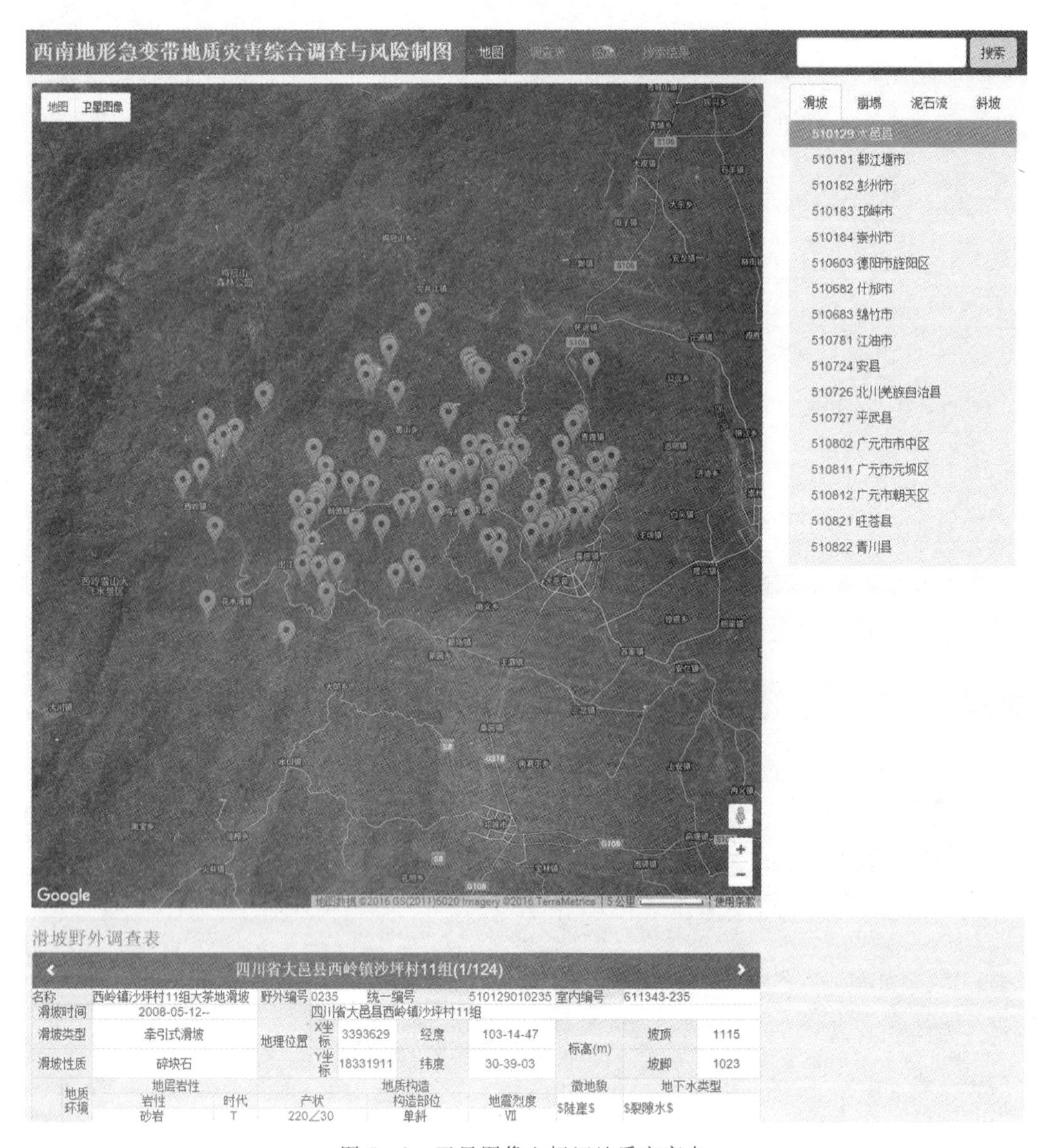

图 5-2 卫星图像上标记地质灾害点

5.4 菜单内容的获取和显示

当用户访问网页时通过前端 javascript 向服务器发出请求并获取菜单，用于用户选择需要查询的受灾地区。主要代码如下：

```
functionlist(type, obj){
                if(type==curr_type) return;
        //set selected hazard type to active
        if(curr_type != null){
            document.getElementById(curr_type).className="";
        }
            if(obj != null){
            curr_type=type;
            obj.parentNode.className="active";
        }
            //send ajax request
        $.ajax({
            type:"POST",
            url:"list.do",
            async:false,
            data:{
                hazardType:type
        },
        //dataType:"json",
        success:function(data){
        //first pair of element in json array records hazard type as (-1, type)
            //get hazard type for further survey actiocon
    vari=0;
            $("#locality-list").empty();
            vartype=data[0].name;
            //show result on the list
            $(data).each(function() {
        //exclude first pair from array which is a record of hazard type
                if(this.ID >=0){
                                $("#locality-list").append("<a class='list-group-item' style
='padding:5px; padding-left:10%; cursor:hand;' onclick='quest(\""+type+"\", this)' id='loc"+this.
ID+"'>"+this.ID  +" "+this.name+"</a>");
                i++;
                }
            });
        },
        error:function(e){
            alert("err list");
        }
    });
```

```
            if(curr_loc != null && arguments[2] != 0){
            quest(type, document.getElementById(curr_loc));
        }
        return true;
    }
```

List()函数以用户所选择的灾害类型(type)以及选择的地区所对应的 dom 对象为参数。类型参数用于向服务器发出 ajax 请求以获取该灾害类型的地区菜单,dom 将作为之后 survey()函数的参数用于获取选定地区的灾害数据。

由 javascript 发出的请求将发送到服务器对应的控制器模块 ListAction 类进行处理。

控制器代码如下:

```
package cai.cug.hazard.action;
import java.util.ArrayList;
import javax.servlet.http.HttpServletRequest;
import javax.servlet.http.HttpServletResponse;
import net.sf.json.JSONArray;
import org.apache.struts.action.Action;
import org.apache.struts.action.ActionForm;
import org.apache.struts.action.ActionForward;
import org.apache.struts.action.ActionMapping;
import cai.cug.hazard.basedata.Locality;
import cai.cug.hazard.manager.ListManager;

public class ListAction extends Action{
    @Override
    public ActionForward execute(ActionMapping mapping, ActionForm form,
        HttpServletRequest request, HttpServletResponse response)
        throws Exception {
        ListManager mg=new ListManager();
    ArrayList<Locality>loc=null;
            String hazardType=request.getParameter("hazardType");
            switch(hazardType){
    case "hp":
        loc=mg.getHpLocaities();
        break;
    case "bt":
        loc=mg.getBtLocaities();
        break;
    case "nsl":
```

```
            loc=mg.getNslLocaities();
            break;
        case "xp":
            loc=mg.getXpLocaities();
            break;
        }
        JSONArray ja=JSONArray.fromObject(loc);
        //ja=java.net.URLDecoder.decode(ja , "UTF-8");
        response.setContentType("text/json");
        response.setCharacterEncoding("UTF-8");
        response.getWriter().write(ja.toString());
        response.getWriter().flush();
        response.getWriter().close();
                return null;
        //request.setAttribute("HpLoc", new LandingManager().getHpLocaities());
        //return super.execute(mapping, form, request, response);
        }
}
```

控制器只用于转发数据并不做实际的处理，这里控制器得到传来的灾害类型参数并使用对应的 ListManager 类中的函数来得到返回的处理结果，并将其返回到前端。为了提高加载菜单的速度，菜单数据储存在本地的文本文件中。ListManager 类将读取对应灾害类型的文件并返回结果至控制器 ListAction 再继续返回到前端。

ListManager 代码如下：

```
package cai.cug.hazard.manager;
import java.io.File;
import java.util.ArrayList;
import cai.cug.hazard.basedata.Locality;
import cai.cug.hazard.utils.ConfigReader;
import cai.cug.hazard.utils.LocalityReader;

public class ListManager {
        public ArrayList<Locality>getHpLocaities(){
        ArrayList<Locality>loc=LocalityReader.readLocalities(ConfigReader.getInstance().getHp-
ListPath(), "hp");
        return loc;
        }
        public ArrayList<Locality>getBtLocaities(){
            ArrayList<Locality>loc=LocalityReader.readLocalities(ConfigReader.getInstance().get-
```

```
BtListPath(), "bt");
        return loc;
        }
    public ArrayList<Locality>getNslLocaities(){
            ArrayList<Locality>loc=LocalityReader.readLocalities(ConfigReader.getInstance().getNsl-
ListPath(), "nsl");
        return loc;
    }
    public ArrayList<Locality>getXpLocaities(){

    ArrayList<Locality>loc=LocalityReader.readLocalities(ConfigReader.getInstance().getXpListPath
(), "xp");
        return loc;
        }
}
```

这里使用了工具类 LocalityReader 用于读取文件内容。LocalityReader 使用 java io 类和 Scanner 类读取文件，代码如下：

```
package cai.cug.hazard.utils;
import java.io.File;
import java.util.ArrayList;
import java.util.Scanner;
import cai.cug.hazard.basedata.Locality;
public class LocalityReader {
    public static ArrayList<Locality>readLocalities(String filePath, String type){
        ArrayList<Locality>loc=new ArrayList<Locality>();
        Locality t=new Locality();
        t.setID(-1);
        t.setName(type);
        loc.add(t);
        File file=new File(filePath);
        if(! file.exists()){
        System.out.println("cannot find file");
    }else{
        System.out.println("file found"+file.getAbsolutePath());
    }
    Scanner sc=null;
    try{
        sc=new Scanner(file);
```

```
    }catch(Exception e){
        e.printStackTrace();
    }
        while(sc.hasNextLine()){
        Locality temp=new Locality();
        String line=sc.nextLine();
        String[] split=line.split(",");
        temp.setID(Integer.parseInt(split[0]));
        temp.setName(split[1]);
    //System.out.println(temp.getID()+", "+temp.getName());
        loc.add(temp);
        }
    System.out.println(loc.size());
    sc.close();
    return loc;
    }
    }
```

前端得到菜单后将其显示到浏览器，用户点击相应的地点后可以查询该地点的灾害数据。

5.5 地质灾害数据信息表及其浏览

地质灾害数据信息表的设计沿用了单机版数据调查系统的设计风格，使表中字段内容和调取结果的展示一致化。通过 quest()函数接受灾害类型(type)和用户所选择的地区对应的 dom 对象作为参数，用于得到用户所选地区和灾害类型的所有灾害数据。类型参数通告服务器传回所选地区的崩塌、泥石流、滑坡或是斜坡数据。从传入的 dom 对象中提取用户所选地区的统一编号，用于确定用户所选地区。实现细节见第 7 章主要部分的关键代码中相关部分。

5.5.1 获取数据表格关键代码

quest()函数接受灾害类型(type)和用户所选择的地区对应的 dom 对象作为参数，用于得到用户所选地区和灾害类型的所有灾害数据。类型参数将告诉服务器传回所选地区的崩塌、泥石流、滑坡或是斜坡数据。从传入的 dom 对象中提取用户所选地区的统一编号，这将传入服务器用于确定用户所选地区。

quest()代码如下：

```
function quest(type, obj){
```

```
        var fullID=arguments[2] ? arguments[2] :-1;
            if(obj==null){
            obj=document.getElementById(default_loc);
            curr_loc=default_loc;
        }
        //如果重复点击已经选中的地方 则不进行搜索
        if(obj.className=="list-group-item active" && fullID==-1) return;
        //set selected locality to active
    if(curr_loc !=null){
        document.getElementById(curr_loc).className="list-group-item";
        }
    if(obj !=null){
        curr_loc=obj.id;
        obj.className="list-group-item active";
    }
    //first 6 character is locality ID
    var content=obj.innerHTML;
    var ID=content.substr(0,6);
    //send ajax request get survey data
        $.ajax({
            type:"POST",
            url:"survey.do",
            //async:false,
            data:{
            hazardType:type,
            localityID:ID
        },
        dataType:"json",
        success:function(data){
                var idx=0;
            table_data=eval(data);
            table_arr_length=table_data.length;
            //如果传入 fullid 那么之间显示 fullid 对应的表
            if(fullID >=0){
                for(var i=0; i <table_arr_length; i++){
                    if(table_data[i].ID==fullID){
                        idx=i;
                    }
                }
                    }
```

```
            curr_table_idx=idx;
        loadGoogleMap();
//          reloadMap();
            updateImage(idx);
            updateTable(idx);
            //set first table's marker
            toggleBounce(marker_arr[idx]);
            //marker_arr[idx]. setAnimation(BMAP_ANIMATION_BOUNCE);
            last_marker=marker_arr[idx];
            },
        error:function(){
            alert("err quest");
        }
    });
}
```

前端 quest()函数发送的请求将由控制器 SurveyAction 类进行处理。SurveyAction 类将调用 SurveyManager 类中的 getSurvey 函数得到灾害信息结果集并返回前端。

SurveyAction 代码如下：

```
package cai. cug. hazard. action;
import java. util. ArrayList;
import javax. servlet. http. HttpServletRequest;
import javax. servlet. http. HttpServletResponse;
import net. sf. json. JSONArray;
import org. apache. struts. action. Action;
import org. apache. struts. action. ActionForm;
import org. apache. struts. action. ActionForward;
import org. apache. struts. action. ActionMapping;
import cai. cug. hazard. basedata. TableDomain;
import cai. cug. hazard. manager. SurveyManager;
public class SurveyAction extends Action{
    @Override
    public ActionForward execute(ActionMapping mapping, ActionForm form,
            HttpServletRequest request, HttpServletResponse response)
            throws Exception {
            String hazardType=request. getParameter("hazardType");
            String localityID=request. getParameter("localityID");
            ArrayList<TableDomain>tables=SurveyManager. getSurvey(localityID, hazardType);
```

```
            JSONArray ja=JSONArray.fromObject(tables);
            //ja=java.net.URLDecoder.decode(ja , "UTF-8");
            response.setContentType("text/json");
            response.setCharacterEncoding("UTF-8");
            response.getWriter().write(ja.toString());
            response.getWriter().flush();
            response.getWriter().close();
            return null;
            //return super.execute(mapping, form, request, response);
    }
}
```

在 SurveyManager 类中使用 jdbc 访问 Oracle 数据库并查询所需结果集。将结果集存入一个哈希表数组中，并返回给控制器再传回前端。

SurveyManager 代码如下：

```
package cai.cug.hazard.manager;
import java.sql.Connection;
import java.sql.PreparedStatement;
import java.sql.ResultSet;
import java.sql.ResultSetMetaData;
import java.sql.SQLException;
import java.util.ArrayList;
import java.util.Hashtable;
import cai.cug.hazard.basedata.TableDomain;
import cai.cug.hazard.utils.DBUtil;
public class SurveyManager {
public static ArrayList<TableDomain>getSurvey(String ID, String hazardType){
    ArrayList<TableDomain>tables=new ArrayList<TableDomain>();
        Connection conn=DBUtil.getConnection();
        PreparedStatement stmt=null;
        ResultSet res=null;
        ResultSetMetaData m=null;
        String sql=null;
        //switch query based on hazardtype
        switch(hazardType){
        case "hp":
            sql="select *from hp_all t where F007 like ?";
            break;
        case "bt":
```

```
        sql="select *from bt_all t where F004 like ?";
        break;
    case "nsl":
        sql="select *from ns_all t where F004 like ?";
        break;
    case "xp":
        sql="select *from xp_all t where F004 like ?";
        break;
    }
    try {
        //executesql query
        stmt=conn.prepareStatement(sql);
        stmt.setString(1, ID+"%");
        res=stmt.executeQuery();
                m=res.getMetaData();
        //for eachline of result, fill into TableDomain structure
        while(res.next()){
            int j=0;
            //create new TableDomain structure
            TableDomain curr=new TableDomain();
            //set hazard type
            curr.setHazardType(hazardType);
            //set table ID
            switch(hazardType){
            case "hp":
                curr.setID(res.getString("F007"));
                break;
            default:
                curr.setID(res.getString("F004"));
                break;
            }
            /**
            *set table data
            */
            //iterate each column
            for(int i=1; i<m.getColumnCount(); i++){
                //record column data into hash map
                curr.getDataTable().put(m.getColumnName(i), res.getString(i));
                }
                //put current table into tables collection
```

```
                tables.add(curr);
                }
            //System.out.println(counter);
        }catch (SQLException e) {
            //TODO Auto-generated catch block
            e.printStackTrace();
        }finally{
            DBUtil.closeStatement(stmt);
            DBUtil.closeResultSet(res);
            DBUtil.closeConnection(conn);
        }
        return tables;
        }
    }
```

其中 TableDomain 为一个数据类型类用于方便地储存和使用数据库查询出的表数据。

TableDomain 结构如下：

```
package cai.cug.hazard.basedata;
import java.util.ArrayList;
import java.util.HashMap;
public class TableDomain {
    private String ID=null;
    private String hazardType=null;
    public HashMap<String, String>dataTable=new HashMap<String, String>();
    public HashMap<String, String>getDataTable(){
        return dataTable;
    }
        public void setDataTable(HashMap<String, String>dataTable){
        this.dataTable=dataTable;
    }
    /*public ArrayList<String>dataList=new ArrayList<String>();
    public ArrayList<String>getDataList(){
        return dataList;
    }
    public void setDataList(ArrayList<String>dataList) {
    this.dataList=dataList;
    }
    */
    public String getHazardType() {
```

```
        return hazardType;
    }
    public void setHazardType(String hazardType) {
        this. hazardType=hazardType;
    }
        public String getID() {
        return ID;
    }
    public void setID(String iD) {
        ID=iD;
    }
}
```

一个县中的所有灾害表格数据将一次性返回前端，在前端使用javascript、html和html模板插件将一组表格数据注入到html表格模板中并显示在页面上，当用户点击同一个县的另一个灾害点时，所选灾害点的数据将使用html表格模板替代模板中的原有数据。在javascript中使用updateTable()函数来替换页面表格中的内容。

updateTable()代码如下：

```
function updateTable(table_num){
    //var data={
    //title:'aaaaaaa',
        //dat :table_data[0]
    //};
    var html=null;
    //var html=template('tmpl-hp', table_data[table_num]);
    switch(table_data[table_num]. hazardType){
    case"hp":
        $("#table-category"). html("滑坡野外调查表");
        $("#table-title"). html(table_data[table_num]. dataTable["F024"]+"("+(curr_table_idx+
1)+  "/"+table_arr_length+")");
        html=template('tmpl-hp', table_data[table_num]);
        break;
    case"xp":
        $("#table-category"). html("斜坡野外调查表");
        $("#table-title"). html(table_data[table_num]. dataTable["F011"]+"("+(curr_table_idx+
1)+"/"+table_arr_length+")");
        html=template('tmpl-xp', table_data[table_num]);
        break;
    case"bt":
```

```
        $("#table-title").html(table_data[table_num].dataTable["F011"]+"("+(curr_table_idx+
1)+  "/"+table_arr_length+")");
        $("#table-category").html("崩塌野外调查表");
        html=template('tmpl-bt', table_data[table_num]);
        break;
    case"nsl":
        $("#table-title").html(table_data[table_num].dataTable["F011"]+"("+(curr_table_idx+
1)+  "/"+table_arr_length+")");
        $("#table-category").html("泥石流野外调查表");
        html=template('tmpl-nsl', table_data[table_num]);
        break;
    }
            $("#tables").html(html);
    }
```

Html 模板表格代码如下：

```
<script type="text/html" id="tmpl-hp">
        <table border="1" bordercolor=#ddd frame=below align="center" cellpadding="0"
cellspacing="0" bordercolor="#FFFFFF" style="font-size:14px;">
            <tbody>
            <tr>
            <td colspan="2" align="left" bgcolor="#EEEEEE">名称</td>
            <td colspan="5" align="left">{{dataTable["F005"]}} </td>
            <td align="center" bgcolor="EEEEEE">野外编号</td>
            <td colspan="2" align="left">{{dataTable["F006"]}} </td>
            <td colspan="2" align="left" bgcolor="EEEEEE">统一编号</td>
            <td align="left">{{dataTable["F007"]}} </td>
            <td colspan="2" align="left" bgcolor="EEEEEE">室内编号</td>
            <td colspan="2" align="left">{{dataTable["F008"]}} </td>
            </tr>
            <tr>
            <td colspan="2" align="center" bgcolor="#EEEEEE">滑坡时间</td>
            <td colspan="5" align="center">{{dataTable["F010"]}} </td>
            <td rowspan="3" align="center" bgcolor="EEEEEE">地理位置</td>
            <td colspan="9" align="left">{{dataTable["F024"]}} </td>
            </tr>
            <tr>
            <td colspan="2" align="center" bgcolor="#EEEEEE">滑坡类型</td>
            <td colspan="5" align="center">{{dataTable["F016"]}} </td>
            <td width="32" align="center" bgcolor="EEEEEE">X 坐标</td>
```

```
<td colspan="2" align="center">{{dataTable["F018"]}} </td>
<td width="82" align="center" bgcolor="EEEEEE">经度</td>
<td width="99" align="center">{{dataTable["F022"]}} </td>
<td colspan="2" rowspan="2" align="center" bgcolor="EEEEEE">标高(m)</td>
<td width="85" align="center" bgcolor="EEEEEE">坡顶</td>
<td width="73" align="center">{{dataTable["F020"]}} </td>
</tr>
<tr>
<td colspan="2" align="center" bgcolor="#EEEEEE">滑坡性质</td>
<td colspan="5" align="center">{{dataTable["F017"]}} </td>
<td width="32" align="center" bgcolor="EEEEEE">Y 坐标</td>
<td colspan="2" align="center">{{dataTable["F019"]}} </td>
<td align="center" bgcolor="EEEEEE">纬度</td>
<td align="center">{{dataTable["F023"]}} </td>
<td align="center" bgcolor="EEEEEE">坡脚</td>
<td align="center">{{dataTable["F021"]}} </td>
</tr>
<tr>
<td width="25" rowspan="10" align="center" bgcolor="#EEEEEE">滑坡环境</td>
<td width="59" rowspan="3" align="center" bgcolor="#EEEEEE">地质环境</td>
<td colspan="5" align="center" bgcolor="EEEEEE">地层岩性</td>
<td colspan="7" align="center" bgcolor="EEEEEE">地质构造</td>
<td width="77" align="center" bgcolor="EEEEEE">微地貌</td>
<td colspan="2" align="center" bgcolor="EEEEEE">地下水类型</td>
</tr>
<tr>
<td width="142" align="center" bgcolor="EEEEEE">岩性</td>
<td colspan="4" align="center" bgcolor="EEEEEE">时代</td>
<td colspan="3" align="center" bgcolor="EEEEEE">产状</td>
<td colspan="2" align="center" bgcolor="EEEEEE">构造部位</td>
<td colspan="2" align="center" bgcolor="EEEEEE">地震烈度</td>
<td rowspan="2" align="left">{{dataTable["F037"]}} </td>
<td colspan="2" rowspan="2" align="left">{{dataTable["F038"]}} </td>
</tr>
<tr>
<td align="center">{{dataTable["F032"]}} </td>
<td colspan="4" align="center">{{dataTable["F031"]}} </td>
<td colspan="3" align="center">{{dataTable["F035"]}}∠{{dataTable["F036"]}} </td>
<td colspan="2" align="center">{{dataTable["F033"]}} </td>
```

```
<td colspan="2" align="center">{{dataTable["F034"]}} </td>
</tr>
<tr>
<td rowspan="3" align="center" bgcolor="#EEEEEE">自然地理环境</td>
<td colspan="4" align="center" bgcolor="EEEEEE">降雨量(mm)</td>
<td colspan="11" align="center" bgcolor="EEEEEE">水文</td>
</tr>
<tr>
<td colspan="2" align="center" bgcolor="EEEEEE">年均</td>
<td colspan="4" align="center" bgcolor="EEEEEE">日最大</td>
<td colspan="4" align="center" bgcolor="EEEEEE">时最大</td>
<td colspan="2" align="center" bgcolor="EEEEEE">洪水位(m)</td>
<td align="center" bgcolor="EEEEEE">枯水位(m)</td>
<td colspan="2" align="center" bgcolor="EEEEEE">斜坡与河流的位置</td>
</tr>
<tr>
<td colspan="2" align="center">{{dataTable["F039"]}} </td>
<td colspan="4" align="center">{{dataTable["F040"]}} </td>
<td colspan="4" align="center">{{dataTable["F041"]}} </td>
<td colspan="2" align="center">{{dataTable["F042"]}} </td>
<td align="center">{{dataTable["F043"]}} </td>
<td colspan="2" align="center">{{dataTable["F044"]}} </td>
</tr>
<tr>
<td rowspan="4" align="center" bgcolor="#EEEEEE">原始斜坡</td>
<td align="center" bgcolor="EEEEEE">坡高(m)</td>
<td colspan="2" align="center" bgcolor="EEEEEE">斜坡结构类型</td>
<td colspan="12" align="center" bgcolor="EEEEEE">控滑面结构</td>
</tr>
<tr>
<td align="center">{{dataTable["F045"]}} </td>
<td colspan="4" align="center">
{{dataTable["F048"]}} </td>
<td width="62" rowspan="3" align="center" bgcolor="EEEEEE">类型</td>
<td colspan="4" align="center">{{dataTable["F049"]}} </td>
<td width="99" rowspan="3" align="center" bgcolor="EEEEEE">产状</td>
<td colspan="4" align="center">{{dataTable["F050"]}}∠{{dataTable["F051"]}}
 </td>
</tr>
<tr>
```

```
<td align="center" bgcolor="EEEEEE">坡度</td>
<td colspan="4" align="center" bgcolor="EEEEEE">坡形</td>
<td colspan="4" align="center">{{dataTable["F052"]}} </td>
<td colspan="4" align="center">{{dataTable["F053"]}}∠{{dataTable["F054"]}} </td>
</tr>
<tr>
<td align="center">{{dataTable["F046"]}} </td>
<td colspan="4" align="center">{{dataTable["F047"]}} </td>
<td colspan="4" align="center">{{dataTable["F055"]}} </td>
<td colspan="4" align="center">{{dataTable["F056"]}}∠{{dataTable["F057"]}} </td>
</tr>
<tr>
<td rowspan="13" align="center" bgcolor="#EEEEEE">滑坡基本特征</td>
<td rowspan="4" align="center" bgcolor="#EEEEEE">外形特征</td>
<td align="center" bgcolor="EEEEEE">长度(m)</td>
<td colspan="2" align="center" bgcolor="EEEEEE">宽度(m)</td>
<td colspan="4" align="center" bgcolor="EEEEEE">厚度(m)</td>
<td colspan="3" align="center" bgcolor="EEEEEE">面积(m²)</td>
<td align="center" bgcolor="EEEEEE">体积(m³)</td>
<td colspan="2" align="center" bgcolor="EEEEEE">规模等级</td>
<td align="center" bgcolor="EEEEEE">坡度</td>
<td align="center" bgcolor="EEEEEE">坡向</td>
</tr>
<tr>
<td align="center">{{dataTable["F061"]}} </td>
<td colspan="2" align="center">{{dataTable["F062"]}} </td>
<td colspan="4" align="center">{{dataTable["F063"]}} </td>
<td colspan="3" align="center">{{dataTable["F066"]}} </td>
<td align="center">{{dataTable["F067"]}} </td>
<td colspan="2" align="center">{{dataTable["F070"]}} </td>
<td align="center">{{dataTable["F064"]}} </td>
<td align="center">{{dataTable["F065"]}} </td>
</tr>
<tr>
<td colspan="6" align="center" bgcolor-"EEEEEE">平面形态</td>
<td colspan="9" align="center" bgcolor="EEEEEE">剖面形态</td>
</tr>
<tr>
```

```
<td colspan="6" align="center">{{dataTable["F068"]}} </td>
<td colspan="9" align="center">{{dataTable["F069"]}} </td>
</tr>
<tr>
<td rowspan="6" align="center" bgcolor="#EEEEEE">结构特征</td>
<td colspan="10" align="center" bgcolor="EEEEEE">滑体特征</td>
<td colspan="5" align="center" bgcolor="EEEEEE">滑床特征</td>
</tr>
<tr>
<td align="center" bgcolor="EEEEEE">岩性</td>
<td colspan="2" align="center" bgcolor="EEEEEE">结构</td>
<td colspan="3" align="center" bgcolor="EEEEEE">碎石含量(%)</td>
<td colspan="4" align="center" bgcolor="EEEEEE">块度(cm)</td>
<td align="center" bgcolor="EEEEEE">岩性</td>
<td colspan="2" align="center" bgcolor="EEEEEE">时代</td>
<td colspan="2" align="center" bgcolor="EEEEEE">产状</td>
</tr>
<tr>
<td align="center"{{dataTable["F071"]}}> </td>
<td colspan="2" align="left">{{dataTable["F072"]}} </td>
<td colspan="3" align="center">{{dataTable["F073"]}} </td>
<td colspan="4" align="center">{{dataTable["F074"]}} </td>
<td align="center">{{dataTable["F075"]}} </td>
<td colspan="2" align="center">{{dataTable["F076"]}} </td>
<td colspan="2" align="center">{{dataTable["F077"]}}∠{{dataTable["F078"]}}
 </td>
</tr>
<tr>
<td colspan="15" align="center" bgcolor="EEEEEE">滑面及滑带特征</td>
</tr>
<tr>
<td colspan="2" align="center" bgcolor="EEEEEE">形态</td>
<td width="49" align="center" bgcolor="EEEEEE">埋深(m)</td>
<td colspan="3" align="center" bgcolor="EEEEEE">倾向</td>
<td colspan="4" align="center" bgcolor="EEEEEE">倾角</td>
<td align="center" bgcolor="EEEEEE">厚度</td>
<td colspan="3" align="center" bgcolor="EEEEEE">滑带土名称</td>
<td align="center" bgcolor="EEEEEE">滑带土性状</td>
</tr>
<tr>
```

```
<td colspan="2" align="center"{{dataTable["F079"]}}> </td>
<td align="center">{{dataTable["F080"]}} </td>
<td colspan="3" align="center">{{dataTable["F081"]}} </td>
<td colspan="4" align="center">{{dataTable["F082"]}} </td>
<td align="center">{{dataTable["F083"]}} </td>
<td colspan="3" align="left">{{dataTable["F084"]}} </td>
<td align="center">{{dataTable["F085"]}} </td>
</tr>
<tr>
<td rowspan="2" align="center" bgcolor="EEEEEE">地下水</td>
<td align="center" bgcolor="EEEEEE">埋深</td>
<td colspan="9" align="center" bgcolor="EEEEEE">露头</td>
<td colspan="5" align="center" bgcolor="EEEEEE">补给类型</td>
</tr>
<tr>
<td align="center">{{dataTable["F086"]}} </td>
<td colspan="9" align="center">{{dataTable["F087"]}} </td>
<td colspan="5" align="center">{{dataTable["F088"]}} </td>
</tr>
<tr>
<td colspan="2" align="center" bgcolor="EEEEEE">土地使用</td>
<td colspan="14">{{dataTable["F089"]}} </td>
</tr>
</tbody></table>
<table border="1" bordercolor=#ddd frame=below align="center" cellpadding="0" cell-
spacing="0" bordercolor="#FFFFFF" style="font-size:14px;">

<tr>
<td colspan="2" bgcolor="EEEEEE" >名称</td>
<td align="center" bgcolor="EEEEEE" >部位</td>
<td colspan="3" align="center" bgcolor="EEEEEE" >特征</td>
<td align="center" bgcolor="EEEEEE" >初现时间</td>
<td align="center" bgcolor="EEEEEE" >名称</td>
<td align="center" bgcolor="EEEEEE" >部位</td>
<td align="center" bgcolor="EEEEEE" >特征</td>
<td align="center" bgcolor="EEEEEE" >初现时间</td>
</tr>
<tr>
<td colspan="2" >{{dataTable["F090"]}} </td>
<td >{{dataTable["F091"]}} </td>
```

```
<td colspan="3" >{{dataTable["F092"]}} </td>
<td >{{dataTable["F093"]}} </td>
<td >{{dataTable["F096"]}} </td>
<td >{{dataTable["F097"]}} </td>
<td >{{dataTable["F098"]}} </td>
<td >{{dataTable["F099"]}} </td>
</tr>
<tr>
<td colspan="2" >{{dataTable["F102"]}} </td>
<td >{{dataTable["F103"]}} </td>
<td colspan="3" >{{dataTable["F104"]}} </td>
<td >{{dataTable["F105"]}} </td>
<td >{{dataTable["F108"]}} </td>
<td >{{dataTable["F109"]}} </td>
<td >{{dataTable["F110"]}} </td>
<td >{{dataTable["F111"]}} </td>
</tr>
<tr>
<td colspan="2" >{{dataTable["F114"]}} </td>
<td >{{dataTable["F115"]}} </td>
<td colspan="3" >{{dataTable["F116"]}} </td>
<td >{{dataTable["F117"]}} </td>
<td >{{dataTable["F120"]}} </td>
<td >{{dataTable["F121"]}} </td>
<td >{{dataTable["F122"]}} </td>
<td >{{dataTable["F123"]}} </td>
</tr>
<tr>
<td colspan="2" >{{dataTable["F126"]}} </td>
<td >{{dataTable["F127"]}} </td>
<td colspan="3" >{{dataTable["F128"]}} </td>
<td >{{dataTable["F129"]}} </td>
<td >{{dataTable["F132"]}} </td>
<td >{{dataTable["F133"]}} </td>
<td >{{dataTable["F134"]}} </td>
<td >{{dataTable["F135"]}} </td>
</tr>
<tr>
<td width="36" rowspan="2" bgcolor="EEEEEE" >滑坡<br>
成因</td>
```

```
<td bgcolor="EEEEEE" >主导因素</td>
<td colspan="2" >{{dataTable["F144"]}} </td>
<td colspan="2" bgcolor="EEEEEE" >人为因素</td>
<td colspan="5" >{{dataTable["F143"]}} </td>
</tr>
<tr>
<td width="69" bgcolor="EEEEEE" >地质因素</td>
<td colspan="2" >{{dataTable["F139"]}}> </td>
<td colspan="2" bgcolor="EEEEEE" >地貌因素</td>
<td width="82" >{{dataTable["F141"]}} </td>
<td width="89" bgcolor="EEEEEE" >物理因素</td>
<td colspan="3" valign="top" >{{dataTable["F142"]}} </td>
</tr>
<tr>
<td colspan="2" bgcolor="EEEEEE" >复活诱发因素</td>
<td colspan="2" >{{dataTable["F145"]}} </td>
<td colspan="2" bgcolor="EEEEEE" >目前稳定状况</td>
<td >{{dataTable["F146"]}} </td>
<td bgcolor="EEEEEE" >发展趋势分析</td>
<td width="83" >{{dataTable["F147"]}} </td>
<td width="156" bgcolor="EEEEEE" >隐患点</td>
<td >{{dataTable["F148"]}} </td>
</tr>
<tr>
<td rowspan="3" bgcolor="EEEEEE" >滑坡<br>
危害</td>
<td rowspan="2" bgcolor="EEEEEE" >已造成危害</td>
<td width="92" align="center" bgcolor="EEEEEE" >死亡人数(人)</td>
<td width="72" align="center" bgcolor="EEEEEE" >损坏房屋</td>
<td colspan="2" align="center" bgcolor="EEEEEE" >直接损失(万元)</td>
<td colspan="5" align="center" bgcolor="EEEEEE" >灾情等级</td>
</tr>
<tr>
<td align="center" >{{dataTable["F151"]}} </td>
<td align="center" >{{dataTable["F150"]}} </td>
<td colspan="2" align="center" >{{dataTable["F155"]}} </td>
<td colspan="5" align="center" >{{dataTable["F157"]}} </td>
</tr>
<tr>
<td bgcolor="EEEEEE" >潜在危害</td>
```

```
<td bgcolor="EEEEEE" >威胁房屋(户)</td>
<td >{{dataTable["F162"]}} </td>
<td colspan="2" bgcolor="EEEEEE" >威胁人数(人)</td>
<td >{{dataTable["F163"]}} </td>
<td bgcolor="EEEEEE" >威胁财产(万元)</td>
<td >{{dataTable["F164"]}} </td>
<td bgcolor="EEEEEE" >险情等级</td>
<td >{{dataTable["F165"]}} </td>
</tr>
<tr>
<td colspan="2" bgcolor="EEEEEE" >监测建议</td>
<td colspan="6" >{{dataTable["F167"]}} </td>
<td colspan="2" align="center" bgcolor="EEEEEE" >防灾预案/群测群防点</td>
<td width="66" align="center" >{{dataTable["F176"]}} </td>
</tr>
<tr>
<td colspan="2" bgcolor="EEEEEE" >防治建议</td>
<td colspan="6" >{{dataTable["F168"]}} </td>
<td colspan="2" align="center" bgcolor="EEEEEE" >多媒体</td>
<td align="center" >{{dataTable["F180"]}} </td>
</tr>
<tr>
<td colspan="2" bgcolor="EEEEEE" >群测人员</td><! --{{dataTable["F177"]}}=>
<td colspan="2" > </td>
<td width="121" bgcolor="EEEEEE" >村长</td><! --{{dataTable["F178"]}}=>
<td colspan="2" > </td>
<td bgcolor="EEEEEE" >电话</td><! --{{dataTable["F179"]}}=>
<td colspan="3" > </td>
</tr>
<tr>
<td colspan="2" bgcolor="EEEEEE" >调查负责人</td>
<td colspan="2" >{{dataTable["F189"]}} </td>
<td bgcolor="EEEEEE" >填表人</td>
<td colspan="2" >{{dataTable["F190"]}} </td>
<td bgcolor="EEEEEE" >审核人</td>
<td colspan="3" >{{dataTable["F191"]}} </td>
</tr>
<tr>
```

```
        <td colspan="2" bgcolor="EEEEEE" >调查单位</td>
        <td colspan="5" >{{dataTable["F192"]}} </td>
        <td bgcolor="EEEEEE" >填表日期</td>
        <td colspan="3" >{{dataTable["F193"]}} </td>
        </tr>
    </table>
    </script>
```

根据所选的灾害位置，在谷歌地图中进行显示。代码如下：

```
function loadGoogleMap() {


    var lat; //纬度
        var lng; //经度
        var name; //名称
        switch(table_data[0]. hazardType){
        case"hp":
        case"xp":
        case"bt":
            lat="F023"
            lng="F022"
            name="F005"
            break;
        case"nsl":
            lat="F010"
            lng="F009"
            name="F006"
            break;
        }
            var mapOptions={
          center: { lat: parseFloat (getLatLng (table _ data [0]. dataTable [lat])), lng: parseFloat
(getLatLng(table_data[0]. dataTable[lng]))},
        zoom:8,
        mapTypeId:google. maps. MapTypeId. TERRAIN,
        scaleControl:true
        };
        var map=new google. maps. Map(document. getElementById('map-canvas'),
            mapOptions);
        // map. addControl(new GScaleControl());
        //var GmarkerArr=new Array();
        var bounds=new google. maps. LatLngBounds();
```

```
for(var i=0; i<table_arr_length; i++){
        var currLatlng = new google.maps.LatLng(parseFloat(getLatLng(table_data[i].
dataTable[lat])), parseFloat(getLatLng(table_data[i].dataTable[lng])));
        marker_arr[i]=new google.maps.Marker({
            position:currLatlng,
            map:map,
            title:table_data[i].dataTable[name],
            id:i
        });
        // GmarkerArr[i].set('id', i);
        // var currMarker=GmarkerArr[i];
        google.maps.event.addListener(marker_arr[i], 'click',function() {
            //  alert("b");
            //  alert(this.get('id'));
            //  alert("a");
            if(last_marker != null){
            toggleBounce(last_marker);
        }
        toggleBounce(this);
        last_marker=this;
        curr_table_idx=this.get('id');
        updateImage(curr_table_idx);
        updateTable(curr_table_idx);
    });
        bounds.extend(marker_arr[i].getPosition());
}
map.fitBounds(bounds);
}
```

5.5.2 调查表数据内容显示效果

调查表数据内容显示效果如图5-3所示。

西南地形急变带地质灾害综合调查与风险制图 地图 调查表 图集 搜索结果

滑坡野外调查表

‹ 四川省大邑县西岭镇沙坪村11组(1/124) ›

名称	西岭镇沙坪村11组大茶地滑坡	野外编号	0235	统一编号	510129010235	室内编号	611343-235
滑坡时间	2008-05-12	地理位置	四川省大邑县西岭镇沙坪村11组				
滑坡类型	牵引式滑坡		X坐标 3393629	经度	103-14-47	标高(m) 坡顶	1115
滑坡性质	碎块石		Y坐标 18331911	纬度	30-39-03	坡脚	1023

滑坡环境

地质环境	地层岩性		地质构造			微地貌	地下水类型
	岩性	时代	产状	构造部位	地震烈度		
	砂岩	T	220∠30	单斜	Ⅶ	$陡崖$	$裂隙水$

自然地理环境	降雨量(mm)			水文		
	年均	日最大	时最大	洪水位(m)	枯水位(m)	斜坡与河流的位置
	1045.99	140	30			左岸

原始斜坡	坡高(m)	斜坡结构类型	控滑面结构			
	30	碎屑岩斜坡-斜向斜坡	类型	覆盖层与基岩接触面	产状	∠
	坡度	坡形				∠
	68	平直				∠

滑坡基本特征

外形特征	长度(m)	宽度(m)	厚度(m)	面积(m²)	体积(m³)	规模等级	坡度	坡向
	50	10	2	500	1000	小型	68	135
	平面形态				剖面形态			
	舌形				复合			

结构特征	滑体特征				滑床特征		
	岩性	结构	碎石含量(%)	块度(cm)	岩性	时代	产状
		零乱	86	5~10	砂岩	T	220∠20
	滑面及滑带特征						
	形态	埋深(m)	倾向	倾角	厚度	滑带土名称	滑带土性状
		2	135	68	.1	含砾黏土	可塑

地下水	埋深	露头	补给类型
		$	$降雨$
土地使用	$草地$灌木$		

名称	部位	特征	初现时间	名称	部位	特征	初现时间
地面沉降	后缘	发生滑坡	2008-05-12				

滑坡成因	主导因素	$地震$	人为因素	$坡脚开挖$		
	地质因素	$节理极度发育$结构面走向与坡面平行$土体/基岩接触$>	地貌因素	$斜坡陡峭$	物理因素	$风化$融冻$地震$地震$

复活诱发因素	$降雨$地震$开挖坡脚$	目前稳定状况	稳定性较差	发展趋势分析	稳定性差	隐患点	1

滑坡危害	已造成危害	死亡人数(人)	损坏房屋	直接损失(万元)	灾情等级		
	潜在危害	威胁房屋(户) 1	威胁人数(人)	3	威胁财产(万元) 2	险情等级	小型

监测建议	$定期目视检查$			防灾预案/群测群防点	0
防治建议	$群测群防$搬迁避让$			多媒体	0
群测人员		村长		电话	
调查负责人	刘文涛	填表人	胡一川	审核人	刘文涛
调查单位	四川省地质工程勘察院			填表日期	

剖面图（滑坡结构、可能危害范围、威胁的对象）

高程(m) 比例尺1: 135° 高程(m

图 5-3 调查表数据内容显示

5.6 图片显示模块

各个县(市)数据内容中的图片,主要包括“平面示意图”和“剖面示意图”,以目录文件方式存在于服务器端。命名方式含有数据库中统一编号字段信息。当用户选择了指定的灾害地点时,调用 getImage()函数获得灾害地点的图片数据。函数接收统一编号和灾害类型为参数向服务器发出 ajax 请求。控制器类 ImageAction 得到传来的参数,调用 manager 包中的 ImageManager 获取图片,并将图片传到前端。

5.6.1 获取和显示图片实现

当用户选择了指定的灾害地点时,调用 getImage()函数获得灾害地点的图片数据。函数接收统一编号和灾害类型为参数向服务器发出 ajax 请求,代码如下:

```
function getImages(ID, type){
    var img=null
    $.ajax({
            type:"POST",
            url:"image.do",
            async:false,
            data:{
                fullID:ID,
                hazardType:type
            },
            dataType:"json",
            success:function(data){
                img=eval(data);
            },
            error:function(){
                alert("err img");
            }
        });
        return img;
    }
```

控制器类 ImageAction 得到传来的参数,调用 manager 包中的 ImageManager 获取图片,并将得到的图片传回前端。代码如下:

```
package cai.cug.hazard.action;
import java.util.ArrayList;
```

```
import javax.servlet.http.HttpServletRequest;
import javax.servlet.http.HttpServletResponse;
import net.sf.json.JSONArray;
import org.apache.struts.action.Action;
import org.apache.struts.action.ActionForm;
import org.apache.struts.action.ActionForward;
import org.apache.struts.action.ActionMapping;
import cai.cug.hazard.basedata.TableDomain;
import cai.cug.hazard.manager.ImageManager;
import cai.cug.hazard.manager.SurveyManager;
public class ImageAction extends Action{
    @Override
    public ActionForward execute(ActionMapping mapping, ActionForm form,
            HttpServletRequest request, HttpServletResponse response)
            throws Exception {
        String fullID=request.getParameter("fullID");
        String hazardType=request.getParameter("hazardType");
        ArrayList<String>imgPaths=ImageManager.getImages(fullID, hazardType);
        JSONArray ja=JSONArray.fromObject(imgPaths);
        //ja=java.net.URLDecoder.decode(ja , "UTF-8");
        response.setContentType("text/json");
        response.setCharacterEncoding("UTF-8");
        response.getWriter().write(ja.toString());
        response.getWriter().flush();
        response.getWriter().close();
    return null;
        //TODO Auto-generated method stub
        //return super.execute(mapping, form, request, response);
    }
}
```

ImageManager 类根据需要的图片名和灾害类型得到图片的存放路径并发回控制器再发回前端。在前端 html 中得到图片路径后可以直接通过路径获取本地图片。

ImageManager 类代码如下：

```
package cai.cug.hazard.manager;
import java.io.File;
import java.io.FilenameFilter;
import java.util.ArrayList;
import cai.cug.hazard.utils.ConfigReader;
public class ImageManager {
```

```
public static ArrayList<String>getImages(String fullID, String hazardType){

    if(hazardType.equals("nsl")){
        hazardType="ns";
    }
    final String fid=fullID;
    ArrayList<String>imgs=new ArrayList<String>();
    String locDir=null;
    String imgRoot=ConfigReader.getInstance().getImageRoot();
    File file=new File(imgRoot);
    //if there is no img directory, return null
    if(!file.exists())
    {
        System.out.println("no img dir found");
    //return null;
    }
        final String id=fullID.substring(0, 6);
        String[] files=file.list(new FilenameFilter() {
    @Override
    public boolean accept(File dir, String name) {
    return name.startsWith(id);
    }
});
    if(files!=null){
    locDir=files[0];
        }
    imgRoot=imgRoot+"/"+locDir+"/"+hazardType;
    file=new File(imgRoot);
    files=file.list(new FilenameFilter() {
        @Override
        public boolean accept(File dir, String name) {
            return name.startsWith(fid);
        }
    });
    for(int i=0; i<files.length; i++){
        String tmp="img/"+locDir+"/"+hazardType+"/"+files[i];
            imgs.add(tmp);
    }
    return imgs;
}
}
```

5.6.2 调查图内容显示效果

调查图内容显示效果如图 5－4 和图 5－5 所示。

西南地形急变带地质灾害综合调查与风险制图　地图　调查表　图集　搜索结果

滑坡基本特征	外形特征	50	10	2	500	1000	小型	68	135
		平面形态				剖面形态			
		舌形				复合			
	结构特征	滑体特征				滑床特征			
		岩性	结构	碎石含量(%)	块度(cm)	岩性	时代	产状	
			零乱	86	5~10	砂岩	T	220∠20	
		滑面及滑带特征							
		形态	埋深(m)	倾向	倾角	厚度	滑带土名称		滑带土性状
			2	135	68	1	含砾黏土		可塑
	地下水	埋深	露头			补给类型			
			$			$降雨$			
		土地使用	$草地$灌木$						

名称	部位	特征	初现时间	名称	部位	特征	初现时间
地面沉降	后缘	发生滑坡	2008-05-12				

滑坡成因	主导因素	$地震$	人为因素	$坡脚开挖$				
	地质因素	$节理极度发育$结构面走向与坡面平行$土体/基岩接触$>	地貌因素	$斜坡陡峭$	物理因素	$风化$融冻$地震$地震$		
复活诱发因素		$降雨$地震$开挖坡脚$	目前稳定状况	稳定性较差	发展趋势分析	稳定性差	隐患点	1
滑坡危害	已造成危害	死亡人数(人)	损坏房屋	直接损失(万元)	灾情等级			
	潜在危害	威胁房屋(户)	1	威胁人数(人)	3	威胁财产(万元)	2	险情等级	小型
监测建议		$定期目视检查$				防灾预案/群测群防点		0
防治建议		$群测群防$搬迁避让$				多媒体		0
群测人员			村长		电话			
调查负责人		刘文涛	填表人	胡一川	审核人	刘文涛		
调查单位		四川省地质工程勘察院			填表日期			

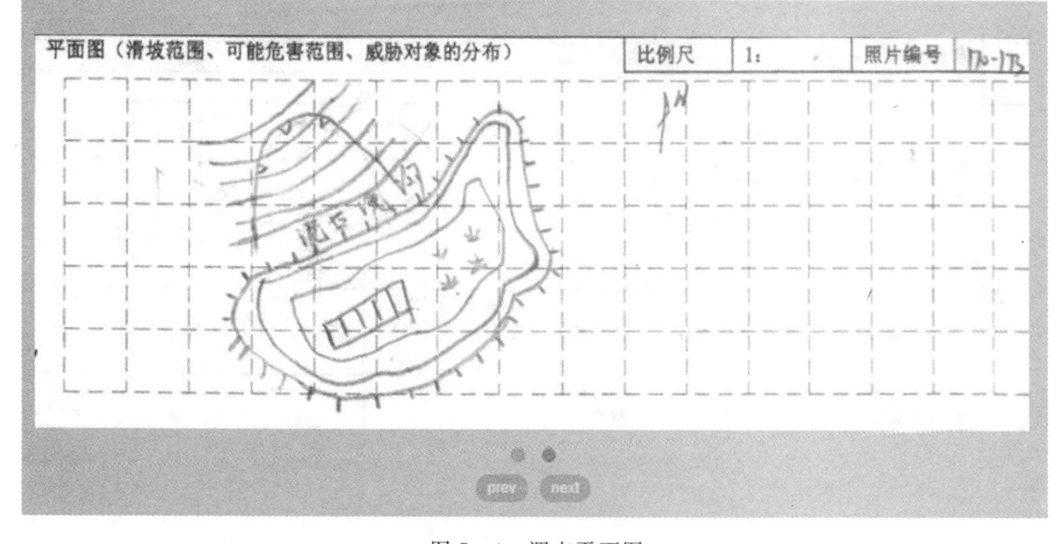

图 5－4　调查平面图

西南地形急变带地质灾害综合调查与风险制图 · 地图 调查表 图集 搜索结果

滑坡基本特征	外形特征	50	10	2	500	1000	小型	68	135
		平面形态			剖面形态				
		舌形			复合				
	结构特征	滑体特征				滑床特征			
		岩性	结构	碎石含量(%)	块度(cm)	岩性	时代	产状	
			零乱	86	5~10	砂岩	T	220∠20	
		滑面及滑带特征							
		形态	埋深(m)	倾向	倾角	厚度	滑带土名称	滑带土性状	
			2	135	68	.1	含砾黏土	可塑	
	地下水	埋深	露头			补给类型			
			$			$降雨$			
	土地使用	$草地$灌木$							

名称	部位	特征	初现时间	名称	部位	特征	初现时间
地面沉降	后缘	发生滑坡	2008-05-12				

滑坡成因	主导因素	$地震$	人为因素	$坡脚开挖$			
	地质因素	$节理极度发育$结构面走向与坡面平行$土体/基岩接触$>	地貌因素	$斜坡陡峭$	物理因素	$风化$融冻$地震$地震$	
复活诱发因素		$降雨$地震$开挖坡脚$	目前稳定状况	稳定性较差	发展趋势分析	稳定性差	隐患点 1

滑坡危害	已造成危害	死亡人数(人)	损坏房屋	直接损失(万元)	灾情等级			
	潜在危害	威胁房屋(户)	1	威胁人数(人)	3	威胁财产(万元)	2	险情等级 小型

监测建议	$定期目视检查$			防灾预案/群测群防点	0
防治建议	$群测群防$搬迁避让$			多媒体	0
群测人员		村长		电话	
调查负责人	刘文涛	填表人	胡一川	审核人	刘文涛
调查单位	四川省地质工程勘察院			填表日期	

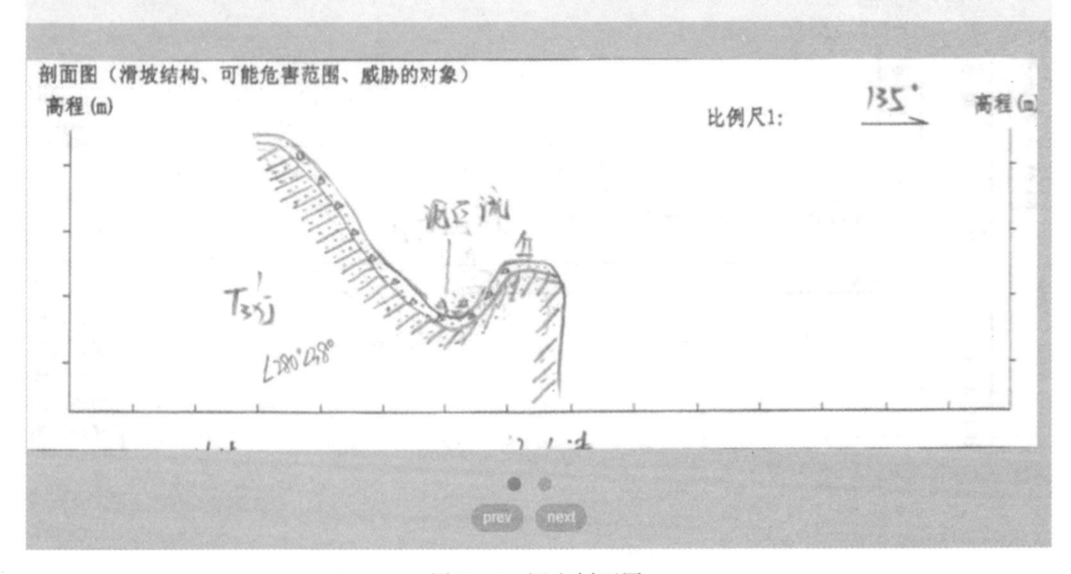

图 5-5　调查剖面图

5.7 数据导航模块

当用户访问网页时通过前端 javascript 向服务器发出请求并获取菜单，用于用户选择需要查询的受灾地区。List() 函数以用户所选择的灾害类型(type)以及选择的地区所对应的 dom 对象为参数。类型参数用于向服务器发出 ajax 请求以获取该灾害类型的地区菜单，dom 将作为之后 survey()函数的参数用于获取选定地区的灾害数据。由 javascript 发出的请求将发送到服务器对应的控制器模块 ListAction 类进行处理。

控制器只用于转发数据并不做实际的处理，这里控制器得到传来的灾害类型参数并使用对应的 ListManager 类中的函数来得到返回的处理结果并将其返回到前端。为了提高加载菜单的速度，菜单数据储存在本地的文本文件中。

按地区编号排序，进入网站第一幅页面的数据为大邑县(510129)滑坡数据。数据内容显示该组数据的第一条记录，该记录在地图上的位置显示为跳动的红球。

5.7.1 点击地理信息标记点切换不同灾害点数据

可点击按地质灾害点经纬度数据在地图上标记的任何一个灾害点红球，点击后该点的地质灾害数据随即被调出，显示在地图下方，如图 5-6 所示。

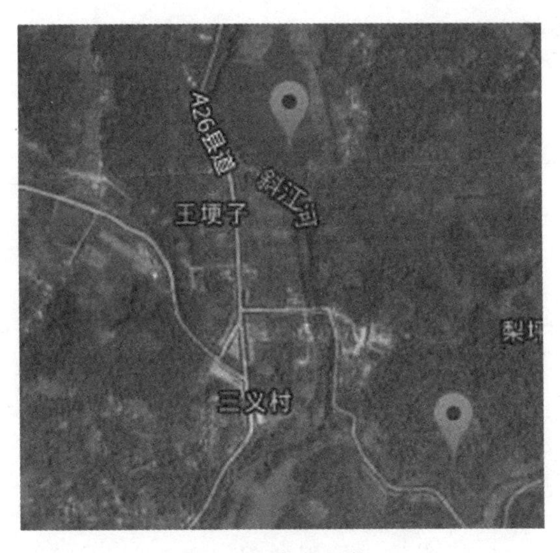

图 5-6 数据导航 1

5.7.2 点击县(市)地区名称切换地图底图和数据组

系统界面右排为本项目 74 个县(市)名称列表，可上下滚动，可点击。点击后该地区对应灾害类型的所有数据被调出，每个灾害点数据以一个红球显示在地图上。下方调查表中数据显示该组数据的第一条记录(图 5-7)。

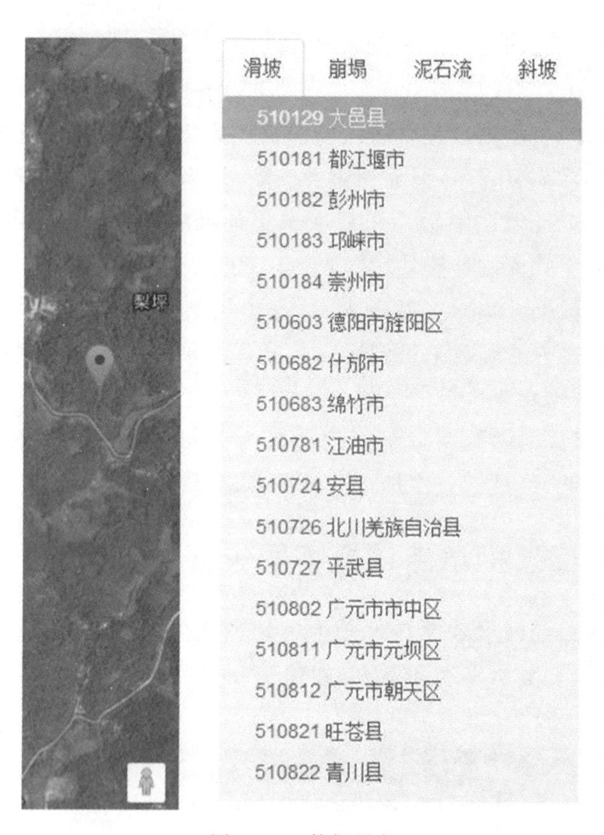

图 5-7 数据导航 2

5.7.3 点击地质灾害类型切换不同灾害数据

右排地名上方从左到右列有 4 类地质灾害名称：滑坡、崩塌、泥石流和斜坡，点击后该灾害类型对应地区的所有数据将被调出。同样，每个灾害点数据以一个红球显示在地图上，下方调查表中数据显示该组数据的第一条记录。

5.7.4 调查表数据逐条记录遍历

调查表数据的表头内容显示了该表数据地理位置信息，随后括号中标有该地区[某县(市)]该灾害类型(如滑坡)的总数和当前显示的数据号，如下图 1/124 表示大邑县共有 124 条滑坡灾害数据，当前显示的是第一条数据。点击两端的“＜”“＞”符号可滚动浏览数据，如图 5-8 所示。

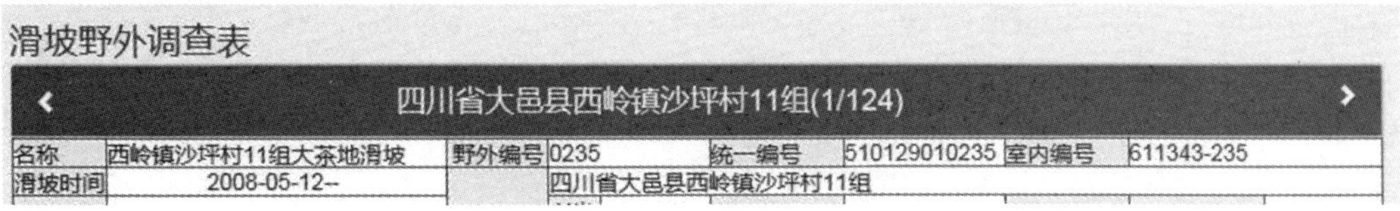

滑坡野外调查表

‹　四川省大邑县西岭镇沙坪村11组(1/124)　›

名称	西岭镇沙坪村11组大茶地滑坡	野外编号	0235	统一编号	510129010235	室内编号	611343-235
滑坡时间	2008-05-12--		四川省大邑县西岭镇沙坪村11组				

图 5-8　数据导航 3

5.8　搜索

通过 search()函数可以在名称和地理位置两个字段中进行模糊查询。函数接收所需要搜索的内容为参数并通过 ajax 传到服务器进行查询。服务器端控制器 searchAction 将使用 searchManager 所提供的函数进行查询并将结果传回前端。SearchManager 类将在所有表中的名称和地理位置字段查询所需匹配的字符串，将传来的参数嵌入 sql 中使用 jdbc 链接数据库进行查询。

5.8.1　实现搜索功能

search()函数代码如下：

```
function search(query){
var i=1;
$.ajax({
        type:"POST",
        url:"search.do",
        //async:false,
        data:{
            query:query,
        },
        dataType:"json",
        success:function(data){
            //clear all container
            $("#search-hp-res").empty();
            $("#search-bt-res").empty();
            $("#search-nsl-res").empty();
            $("#search-xp-res").empty();
            $(data).each(function() {
            if(this.type=="hp"){
                $("#search-hp-res").append("<tr style='cursor:pointer;'  onclick='select-
```

```
Table(\""+this.ID+"\",\""+this.type+"\")'><th scope='row'>"+i+"</th><td>"+this.ID
+"</td><td>"+this.name+"</td><td>"+this.location+"</td></tr>");    }
                if(this.type=="bt"){
                        $("#search-bt-res").append("<tr style='cursor:pointer;' onclick='
selectTable(\""+this.ID+"\",\""+this.type+"\")'><th scope='row'>"+i+"</th><td>"+
this.ID+"</td><td>"+this.name+"</td><td>"+this.location+"</td></tr>");
    }
                if(this.type=="nsl"){
                        $("#search-nsl-res").append("<tr style='cursor:pointer;' onclick='
selectTable(\""+this.ID+"\",\""+this.type+"\")'><th scope='row'>"+i+"</th><td>"+
this.ID+"</td><td>"+this.name+"</td><td>"+this.location+"</td></tr>");    }
                if(this.type=="xp"){
                        $("#search-xp-res").append("<tr style='cursor:pointer;' onclick='
selectTable(\""+this.ID+"\",\""+this.type+"\")'><th scope='row'>"+i+"</th><td>"+
this.ID+"</td><td>"+this.name+"</td><td>"+this.location+"</td></tr>");
                }
                        i++;
                        });
                toSearch();
                return true;
                },
            error:function(){
                alert("search err");
                return false;
            }
        });
    return false;
    }
```

服务器端控制器 searchAction 将使用 searchManager 所提供的函数进行查询并将结果传回前端。代码如下：

```
package cai.cug.hazard.action;
import java.util.ArrayList;
import javax.servlet.http.HttpServletRequest;
import javax.servlet.http.HttpServletResponse;
import net.sf.json.JSONArray;
import org.apache.struts.action.Action;
import org.apache.struts.action.ActionForm;
import org.apache.struts.action.ActionForward;
import org.apache.struts.action.ActionMapping;
```

```
import cai.cug.hazard.actionform.SearchActionForm;
import cai.cug.hazard.basedata.SearchInfo;
import cai.cug.hazard.manager.SearchManager;
public class SearchAction extends Action{
    @Override
    public ActionForward execute(ActionMapping mapping, ActionForm form,
            HttpServletRequest request, HttpServletResponse response)
            throws Exception {
        String query=request.getParameter("query");
        ArrayList<SearchInfo>result=SearchManager.getSearchResult(query);
        JSONArray ja=JSONArray.fromObject(result);
        response.setContentType("text/json");
        response.setCharacterEncoding("UTF-8");
        response.getWriter().write(ja.toString());
        response.getWriter().flush();
        response.getWriter().close();
        return null;
    }
}
```

SearchManager类将在所有表中的名称和地理位置字段查询所需匹配的字符串,将传来的参数嵌入sql中使用jdbc链接数据库进行查询。代码如下:

```
package cai.cug.hazard.manager;
import java.sql.Connection;
import java.sql.PreparedStatement;
import java.sql.ResultSet;
import java.sql.ResultSetMetaData;
import java.sql.SQLException;
import java.util.ArrayList;
import cai.cug.hazard.basedata.SearchInfo;
import cai.cug.hazard.basedata.TableDomain;
import cai.cug.hazard.utils.DBUtil;
public class SearchManager {
public static ArrayList<SearchInfo>getSearchResult(String query){
        ArrayList<SearchInfo>result=new ArrayList<SearchInfo>();
        Connection conn=DBUtil.getConnection();
        PreparedStatement stmt=null;
        ResultSet res=null;
        ResultSetMetaDatam=null;
        //id  and name
```

```
String hpSql="select F007, F005, F024 from hp_all t where F005 like ? or F024 like ?";
String btSql="select F004, F005, F011 from bt_all t where F005 like ? or F011 like ?";
String nslSql="select F004, F006, F011 from ns_all t where F006 like ? or F011 like?";
String xpSql="select F004, F005, F011 from xp_all t where F005 like ? or F011 like ?";
    try {
    /**
*search HP table
*/
stmt=conn. prepareStatement(hpSql);
stmt. setString(1, "%"+query+"%");
stmt. setString(2, "%"+query+"%");
res=stmt. executeQuery();
m=res. getMetaData();
    while(res. next()){
    SearchInfo si=new SearchInfo();
    si. setType("hp");
    si. setID(res. getString(1));
    si. setName(res. getString(2));
    si. setLocation(res. getString(3));
    result. add(si);
}
//stmt. clearBatch();
/**
*search BT table
*/
stmt=conn. prepareStatement(btSql);
stmt. setString(1, "%"+query+"%");
stmt. setString(2, "%"+query+"%");
res=stmt. executeQuery();
m=res. getMetaData();
    while(res. next()){
    SearchInfo si=new SearchInfo();
    si. setType("bt");
    si. setID(res. getString(1));
    si. setName(res. getString(2));
    si. setLocation(res. getString(3));
    result. add(si);
}
/**
*search NS table
```

```
        */
        stmt=conn.prepareStatement(nslSql);
        stmt.setString(1, "%"+query+"%");
        stmt.setString(2, "%"+query+"%");
        res=stmt.executeQuery();
        m=res.getMetaData();
        while(res.next()){

            SearchInfo si=new SearchInfo();
            si.setType("nsl");
            si.setID(res.getString(1));
            si.setName(res.getString(2));
            si.setLocation(res.getString(3));
            result.add(si);
        }
        /**
        *search XP table
        */
        stmt=conn.prepareStatement(xpSql);
        stmt.setString(1, "%"+query+"%");
        stmt.setString(2, "%"+query+"%");
        res=stmt.executeQuery();
        m=res.getMetaData();
            while(res.next()){
            SearchInfo si=new SearchInfo();
            si.setType("xp");
            si.setID(res.getString(1));
            si.setName(res.getString(2));
            si.setLocation(res.getString(3));
            result.add(si);
        }
        }catch (SQLException e) {
        //TODO Auto-generated catch block
        e.printStackTrace();
    }finally{
            DBUtil.closeStatement(stmt);
        DBUtil.closeResultSet(res);
        DBUtil.closeConnection(conn);
    }
    return result;
```

```
    }
}
```

得到查询的结果后将其储存入数据结构 SearchInfo 中并返回前端以方便使用。

SearchInfo 代码如下：

```
package cai.cug.hazard.basedata;
public class SearchInfo {
    private String ID;
    private String name;
    private String type;
    private String location;
    public String getLocation(){
    return this.location;
    }
    public void setLocation(String location){
        this.location=location;
    }
    public String getID() {
        return ID;
    }
    public void setID(String iD) {
        ID=iD;
    }
    public String getName() {
        return name;
    }
    public void setName(String name) {
        this.name=name;
    }
    public String getType() {
        return type;
    }
    public void setType(String type) {
        this.type=type;
    }
}
```

前端得到搜索结果后将其放入列表中并显示在页面上。

5.8.2 搜索效果

右上方有专门设计的数据搜索输入窗，输入文字“太平村”，回车或点击搜索按钮，如图5-9所示。

图5-9 数据搜索1

搜索执行过程是在所有地质灾害记录的名称字段和地理位置字段内容中查询是否有与“太平村”匹配的记录。搜索结果返回为统一编号、名称和地理位置3个字段内容，按滑坡、崩塌、泥石流和斜坡4类灾害数据列表，如图5-10所示。

列表中每行记录的文字均建立了链接，鼠标点击记录行“太平乡太平村大湾头滑坡 ”，即返回地图标注的云南省水富县滑坡数据集，其中跳动的小红球即是该条记录太平乡太平村大湾头滑坡，下方的野外调查表和相关图件也是太平乡太平村大湾头滑坡的数据，如图5-11所示。

西南地形急变带地质灾害综合调查与风险制图　地图　调查表　图集　搜索结果　太平村　搜索

12	511129010134	榕子坝滑坡	四川省沐川县炭库乡太平村7、8组
13	510129010141	斜源镇太平社区10社黄连桂屋前滑坡	四川省大邑县斜源镇太平村10社
14	510129010153	斜源镇太平社区15社干沟滑坡	四川省大邑县斜源镇太平村15社
15	530630010098	太平乡太平村清明田滑坡	云南省水富县太平乡太平村清明田
16	530630010099	太平乡太平村大湾头滑坡	云南省水富县太平乡太平村大湾头
17	530630010101	太平乡太平村道平头滑坡	云南省水富县太平乡太平村道平头社
18	530630010102	太平乡太平村刘家湾滑坡	云南省水富县太平乡太平村刘家湾
19	530630010103	太平乡太平村三号桥滑坡	云南省水富县太平乡太平村三号桥
20	530630010104	太平乡太平村灯草坝滑坡	云南省水富县太平乡太平村灯草坝
21	530630010106	太平乡太平太平材大湾买滑坡	云南省水富县太平乡太平村2+3组
22	530630010107	太平乡太平村15组	云南省水富县太平乡太平村15组

崩塌

#	统一编号	名称	地理位置
23	510812020148	吊滩河危岩	广元市朝天区曾家乡太平村6社
24	510781020182	观音滩危岩	四川省江油市太平乡太平村8社

泥石流

#	统一编号	名称	地理位置
25	513225030035	马厂沟泥石流	四川省九寨沟县白河乡太平村1组
26	513225030036	马家沟泥石流	四川省九寨沟县白河乡太平村3组
27	513225030037	西番沟泥石流	四川省九寨沟县白河乡太平村4组
28	513225030034	塔沟泥石流	四川省九寨沟县白河乡太平村
29	511824030199	太平村出路沟泥石流	四川省石棉县新民藏族彝族乡太平村1社
30	510683030167	马跪寺沟泥石流	四川省绵竹市遵道镇太平村5社
31	530630030069	中滩溪泥石流	云南省昭通地区水富县太平乡太平村

斜坡

#	统一编号	名称	地理位置
32	532124000217	田方碑斜坡	云南省盐津县柿子乡太平村田方碑社
33	511824000197	太平村不稳定斜坡	四川省石棉县新民藏族彝族乡太平村9社

图 5－10　数据搜索 2

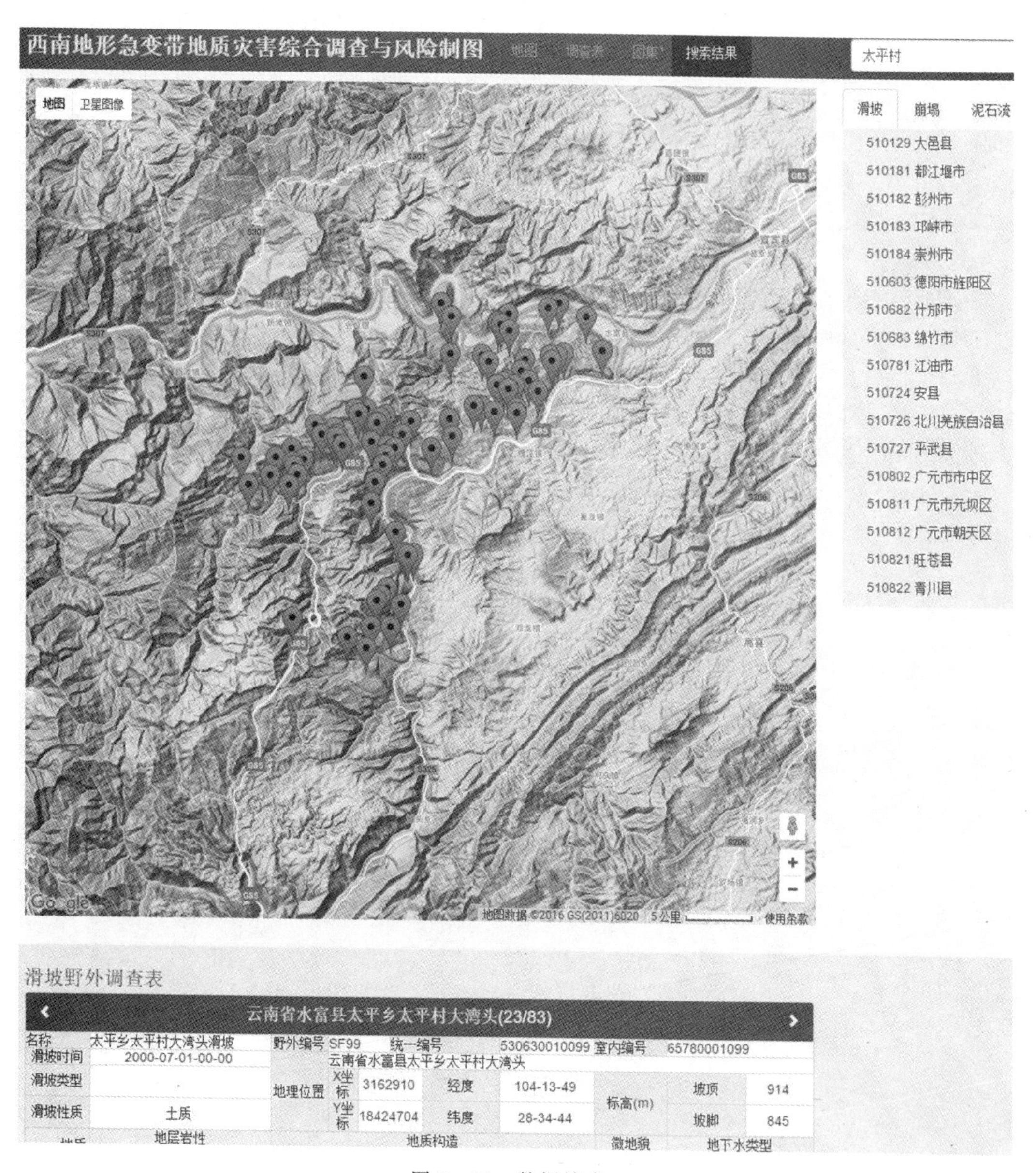
西南地形急变带地质灾害综合调查与风险制图
地图
调查表
图集
搜索结果
太平村
地图
卫星图像
滑坡
崩塌
泥石流
510129 大邑县
510181 都江堰市
510182 彭州市
510183 邛崃市
510184 崇州市
510603 德阳市旌阳区
510682 什邡市
510683 绵竹市
510781 江油市
510724 安县
510726 北川羌族自治县
510727 平武县
510802 广元市市中区
510811 广元市元坝区
510812 广元市朝天区
510821 旺苍县
510822 青川县
G85
S307
S206
地图数据 ©2016 GS(2011)6020
5 公里
使用条款
滑坡野外调查表
云南省水富县太平乡太平村大湾头(23/83)
名称
太平乡太平村大湾头滑坡
野外编号
SF99
统一编号
530630010099
室内编号
65780001099
滑坡时间
2000-07-01-00-00
云南省水富县太平乡太平村大湾头
滑坡类型
地理位置
X坐标
3162910
经度
104-13-49
坡顶
914
标高(m)
滑坡性质
土质
Y坐标
18424704
纬度
28-34-44
坡脚
845
地层岩性
地质构造
微地貌
地下水类型

图 5-11 数据搜索 3

参考文献

百度公司.百度百科[EB/ OL]. https://baike. baidu. com/item/.

甲骨文公司.数据库[EB/ OL]. http://www. oracle. com/technetwork/cn/indexes/.

Bootstrap 中文网. Bootstrap 中文文档[EB/ OL]. http://www. bootcss. com/.

Google 公司. Maps JavaScript API [EB/ OL]. https://developers. google. com/maps/documentation/.

MyEclipse 中文官网. MyEclipse 中文文档[EB/ OL]. http://www. myeclipsecn. com/.

Red Hat, Inc. Product Documentation[EB/ OL]. https://access. redhat. com/documentation/.